投影電筒的運作原理

投影電筒的尾部是 LED 燈的電路。

前方則是安裝投影輪的插槽，頭部則有一塊可調節前後位置的凸透鏡用來對焦。

LED

開關

3 LED 燈射出的光線穿過透光的幻燈片，令它成為一個發光的影像。

1 當撥動開關時，其下方的金屬片就會被壓向下，觸碰到 LED 燈的電極，接通電源。

開關

LED

電池

2 於是電池就會通電，令 LED 燈發光。

4 幻燈片上的圖像本是上下左右都倒轉了，經照亮的影像亦然。但經凸透鏡 * 折射後，影像就會再倒轉一次，因而回復正像。

5 凸透鏡有放大作用，會把影像放大，因此投映出來的影像，就會比投影輪上的大得多。

* 至於為何要使用凸透鏡，下期專輯將為你解答！

你怎會想到造太空船飛出太陽系的情節？

好讓影片中的外星人也認識我啊。

航行者計畫

航行者一號及二號都是美國太空總署（NASA）在 1977 年發射的太空探測器，它們的設計及搭載的測量儀器也相同，並各帶着一張黃金唱片。

同位素熱能發電機
利用放射性元素衰變時產生的熱能來發電，離開地球時的功率有 470 瓦特，相當於一個家用電飯煲。

高增益天線
它總是指向地球，用來接收來自地球的訊號，並把沿途收集到的各種數據發送回去。

探測儀器
共十種儀器，分別用來拍攝各類相片、測量溫度、磁場、電磁波等。目前約有一半儀器處於關閉狀態，以節省電力。

不過兩部探測器原先的任務，並非尋找外星人啊！

◀ 黃金唱片收錄了各種人類文化活動的圖像、以 55 種語言表達的問候語等，另外其表面以圖像表達太陽所在的位置和讀取唱片內容的方法，好讓發現它的任何可能存在的外星文明認識地球。

外圍行星之旅

當時木星、土星、天王星及海王星都運行到了同一邊，形成連珠現象。同一艘太空船可利用它們作重力彈弓，由一顆彈跳到另一顆，幫助它一口氣走遍這四顆行星。這種狀況每 175 年才有一次，於是促成了航行者一號及二號的誕生。

航行者一號及二號原先的計畫，是探索外太陽系的四顆行星及一顆衛星。

主小行星帶

這是一條位於火星及木星軌道之間的環狀帶。當中小行星數目雖多，但彼此相距平均達 16 萬公里，所以太空船通過此帶時，撞上小行星的機會極微。

小行星是小型的岩質天體，其直徑一般只有幾米至 500 多米。由於其質量太低，自身的重力不足以令組成物質聚成球狀，加上常受外力撞擊，形狀就會變得不規則。

◀ 其中一顆小行星「艾女星」。

我的太空船在第 3 格幻燈片就撞到小行星了，真倒楣！

航行者一號的任務

飛越木星、土星及其衛星泰坦（即土衛六，是唯一有濃厚大氣的衛星）並收集數據。

航行者二號的任務

如航行者一號未能按計畫飛越泰坦，則由它補上。結果是航行者一號任務成功，二號則隨即轉為造訪天王星及海王星。

金星　太陽　水星　火星　地球　木星　土星

除了主小行星帶外，還有其他小行星帶，例如木星軌道附近的特洛伊群小行星。

為甚麼有這麼多小行星？

它們其實是太陽系形成後的「剩餘物」呢！

太陽系的起源

1 太陽系誕生前，該區域只瀰漫着各種氣體及塵狀物質，從遠方看來就像一團雲，因此稱為分子雲。

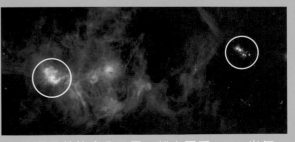

▲ 這是英仙座分子雲，離太陽系 1000 光年，當中光亮的區域是新生的星群。

海王星

在冰巨星上溜冰好像很好玩！

而那些結集起來卻無法繼續變大，又沒被其他星體吞併的物質，就是剩下來的小行星了。

愈往外太陽系外側，溫度愈低，水、氮氣、甲烷等就會結冰，於是形成由冰組成的天體，如天王星、海王星兩顆冰巨星，還有冥王星等矮行星和彗星。

太陽風到了外太陽系便減弱，不會吹散氫和氦。這些元素因此可凝聚起來，形成木星及土星兩顆氣體巨星。

3 原始恆星的核心最終升溫至 1000 萬度，氫開始穩定地經由核聚變釋出能量，並產生擴張力阻止物質收縮。原始恆星不再變大或縮小，穩定下來，正式成為太陽。

天王星

甚麼是太陽風？
太空中沒有空氣，卻仍然會刮「風」！地球上的風是空氣的流動，太空中的風則是帶電粒子的流動，而太陽系中的帶電粒子由太陽噴射出來，因此稱太陽風。

內太陽系較熱，加上從太陽噴射出的太陽風把較輕的氫及氦吹向外圍，剩下矽化物、金屬等笨重物質在此凝聚成岩質天體，如類地行星及小行星。

▶揭往下頁飛出太陽系！

2 其後，分子雲可能受到附近的超新星爆炸影響，引發某些區域向內塌陷收縮，物質最密集的地區逐漸形成中心，周邊演化成碟狀原行星盤。

核心區的物質受重力影響，不斷向原行星盤的中心收縮，使其密度及溫度上升，形成太陽的前身——原始恆星。

原行星盤內的物質經過不斷碰撞，最終以同一方向圍繞原始恆星旋轉。

星盤外圍有些物質維持塵狀，有些則聚集起來，且變得愈來愈大，最大的顆粒吸積環帶內的顆粒，逐漸發展成後來的行星、矮行星、衛星等。

▲ 這是金牛座 HL 的原行星盤，其結構類似太陽系前身的原行星盤。

海王星外的宇宙

　　飛越海王星後，便進入了柯伊伯帶。它跟主小行星帶一樣是環狀帶，但範圍卻大得多，其寬度足足有 20au。相比起來，海王星跟太陽也只相距 30au！

1 天文單位 (au) 是地球與太陽的平均距離，即 149,600,000 公里

柯伊伯帶內最大的天體是矮行星冥王星，此外還有數個矮行星[1]、無數的彗星[2]及小行星。

1. 矮行星的質量足以維持自身為球狀，卻未能清除軌道附近大小相約的天體。
2. 彗星屬小型天體，其核心由塵埃或岩石構成，外面由水分或氣體凝固而成的冰包裹。

冥王星

太陽及內太陽系

木星

土星

航行者二號

航行者一號

天王星

海王星

柯伊伯帶

1cm=10au

1 雖然柯伊伯帶外圍的天體變得稀少，但仍充斥着太陽風。只要是有太陽風的區域皆屬於太陽系，亦稱為太陽圈。

飛出柯伊伯帶後，再過一段距離才是太陽系邊緣。

2 距離太陽 80 至 100au 時，太陽風會急劇減速並積壓起來，形成屏障，撞開外來帶電粒子。

航行者二號現時位置

外來帶電粒子

航行者一號現時位置

太陽

太陽風

太陽圈

日球層頂

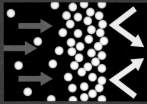

▲ 此情況有如公路上的車流，若前方的車減速，後方的車便同樣要減速。由於車流不減，便積壓起來釀成塞車。

3 然而，太陽風愈往外圍就愈衰弱，到了某個距離，便再不能撞開外來帶電粒子，反而被撞回去。那裏就是太陽系的邊界，稱為日球層頂。

航行者一號及二號都在距離太陽約 120au 處，穿過了日球層頂。但由於太陽圈的形狀尚未有定論，故不能確定 120au 就是太陽與太陽系邊緣的距離。

4 穿過日球層頂，便離開了太陽系，邁向星際空間！

1cm=125au

未知的遙遠領域

到了星際空間後繼續前進，又會遇到甚麼？

呃，這個……

1950 年，荷蘭天文學家揚‧奧特（Jan Oort）預測在距離太陽 20000au 至 150000au 的地方，可能有一個包含大量彗星的雲團，這後來稱為奧特雲。

其後該理論繼續發展，有些科學家認為奧特雲內側最近可能離太陽 2000au，而外側最遠可能達 200000au，實際大小至今仍未有定論。

1cm=20000au

奧特雲可分為內外兩層，內奧特雲呈碟狀，其外側估計距離太陽 20000 至 30000au。

而外奧特雲則呈球狀。整個雲加起來的天體數目可能超過 1 萬億個，當中不乏彗星。不過，由於那裏太暗，所以目前仍未觀測到任何奧特雲的天體。

內奧特雲	外奧特雲

在奧特雲邊界外，由於太陽的重力對星體的影響低於外來的影響，故此天體便不被太陽牽引着了！

科學家認為不少需長時間才繞太陽公轉一周的彗星，有可能來自奧特雲。

由於外奧特雲內的天體距離太陽極遠，受到的太陽引力十分微弱，因此易被外圍的星體影響。

在 270000au 外（約 4:27 光年），就是離太陽最近的恆星——比鄰星。

宇宙射線？那就是射穿福仔三號的兇手？

真空非「真」空

星際空間內藏星際物質，包括各種氣體、塵埃及宇宙射線。不過這些物質的粒子分佈不均，而且非常稀疏，在最密的分子雲區域，每立方厘米有約 1 百萬個粒子。一般來說每立方厘米只有 1 個粒子，相比起來，地球海平面每立方厘米的粒子數目是其 1000 萬萬億倍，即 10,000,000,000,000,000,000 個空氣粒子！

那不算是宇宙射線，而是更可怕的大怪物！

比鄰星

甚麼是宇宙射線？

宇宙射線是來自太空以近乎光速（速度約每秒 30 萬公里）飛行的高能帶電粒子。

那跟太陽風有甚麼分別？

太陽風的速度只有每秒數百至數千公里，遠低於宇宙射線的速度，所以能量也低很多。

不過擊中福仔 3 號的並非宇宙射線，而是能量極高的伽瑪射線暴。

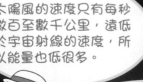
◀部分宇宙射線來自超新星。

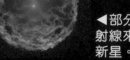
▲其餘來自太陽、銀河系內及外的天體或不明源頭。

科幻故事中的射線？

其實伽瑪射線是一種肉眼不可見的電磁波，其能量比 X 光更高。當大質量的恆星步向死亡時，會在短時間內射出能量極高的伽瑪射線，那就是伽瑪射線暴。

恆星塌縮成黑洞時，能量便集中成兩條噴射流，射向其自轉軸指向的兩邊，並維持數秒至數分鐘不等。這股噴射流主要為伽瑪射線，但往後的餘輝亦包括了可見光在內的整個電磁波譜。

噴射流往外擴散，能量也隨之下降。

想像圖

噴射流的夾角為 2 至 20 度不等。

據估計噴射流在 200 光年的範圍內可將任何物質蒸發掉。若它擊中數千光年外的行星，也會對其大氣及地表的化學成分做成影響。

要是地球被擊中，豈非後果嚴重？

放心，地球被伽瑪射線暴擊中的機會非常低呢！

那為甚麼我的無人太空船還是被擊中了？

那只是劇情而已！

目前在地球 200 光年內並無任何可能產生伽瑪射線暴的源頭。科學家留意到 8400 光年外的一個三合星系統 WR104 中，其中一顆星預計於數十萬年內演化為超新星，可能產生伽瑪射線暴。至於它會否危及地球則言之尚早。

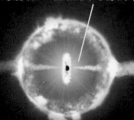

▲由夏威夷凱克天文台望遠鏡拍攝到的 WR104 系統的主星。

故事中還出現了外星人和蟲洞，究竟它們是否真的存在？

外星人這麼好玩，肯定存在的！

這些都是科學家嘗試解答的問題呢。

其他未解答的宇宙謎團

外星生命

到底地球以外是否存在生命？宇宙中的恆星數目極多，當中適合地球生命的太陽系外行星世界多不勝數。此外，宇宙中還可能存有人類未知曉的生命形式，因此暫時還不能下定論。

另外，科學家用不同方法來尋找外星生命存在的間接證據：

▲例如 2020 年科學家在金星發現疑似磷化氫，便是利用望遠鏡來尋找一些只有生物才會產生的化學物質，從而推算可能存在外星生命。

◀地面的無線電天線陣可「聆聽」可能來自外星人的無線電訊號，但至今仍未有發現。

蟲洞

這似乎是在宇宙中長距離旅行的妙計，因理論上它連接着時空的任意兩點。

▲這兩點可以是不同地方、不同時間，甚至是兩個不同的宇宙。

然而，理論也指出蟲洞極不穩定，而且到目前人們仍未直接或間接觀測到蟲洞，故它是否實際存在仍是未知之數。

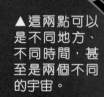

現在人類也只對太陽系內的認識較多，而太陽系外面則所知甚少，所以仍要繼續努力研究呢！

海豚哥哥自然教室 動物 環保生態協會 Eco Association

© 海豚哥哥 Thomas Tue

那些快艇日夜穿梭，我們的生命受到威脅，請幫助我們呀！

快艇嚇人事件

我一定幫你，別擔心！

　　上月海豚哥哥出海考察白海豚，卻遇到十分嚇人的事件。在大嶼山大澳對出海域，有大量快艇出沒，當中有些更裝設 10 個摩打，以非常高速航行。這種情況不但會把白海豚嚇走，甚至會撞傷或危害海豚的生命。

◀港珠澳大橋下的數隻快艇。

▶多艘快艇航行。

© 海豚哥哥 Thomas Tue

© 海豚哥哥 Thomas Tue

▼背鰭受傷的白海豚。

© 海豚哥哥 Thomas Tue

　　海豚哥哥在此先和各位重溫一遍觀豚守則：最重要的是尊重，從不騷擾白海豚。

　　坐船觀豚時，每當發現海豚出沒，必須立即停船，甚至關掉引擎，並只准離遠觀察，除非海豚主動游近船邊。

　　為保持海上寧靜，讓海豚更安心，在船上必須安靜和放輕腳步，不允許大聲尖叫，不准觸摸海豚，也不許亂拋垃圾。

© 海豚哥哥 Thomas Tue

　　近年中華白海豚在本港海域持續減少，現只剩大約 37 條，當中人為的威脅佔了很大因素。

　　海豚哥哥非常希望小讀者們能到實際的現場來關心中華白海豚，讓我們一起繼續監察和守護牠們。

來吧，邀請你一齊認識中華白海豚，考察牠們的生活環境，請即瀏覽網址：
https://eco.org.hk/mrdolphintrip

收看精彩片段，請訂閱Youtube頻道：
「海豚哥哥」
https://bit.ly/3eOOGlb

海豚哥哥簡介　　f 海豚哥哥 Thomas Tue

自小喜愛大自然，於加拿大成長，曾穿越洛磯山脈深入岩洞和北極探險。從事環保教育超過20年，現任環保生態協會總幹事，致力保護中華白海豚，以提高自然保育意識為己任。

為了讓同學能熟記太陽系八大行星的順序及距離感，亞龜老師親手製作出一款漫遊太陽系的遊戲機，這樣大家就可邊玩邊學習。

正文社 YouTube 頻道

嘟一嘟在正文社 YouTube 頻道搜索「#198 DIY」觀看製作過程！

月球
地球
火星

行星
遊戲機

製作時間：約 1.5 小時
製作難度：★★★☆☆

玩法

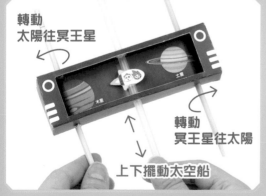

轉動
太陽往冥王星

轉動
冥王星往太陽

上下擺動太空船

▲一人（橫看）： 雙手各自轉動捲軸及上下擺動太空船，也可鍛煉左右手協調。

只要捲動紙帶及控制太空船，就可順序遊走太陽系的八大行星及冥王星！

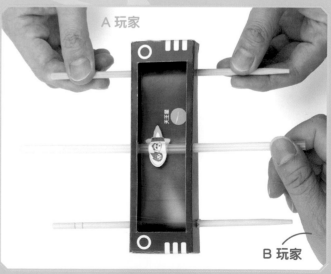

A 玩家

B 玩家

▲二人（直看）： 二人（A 及 B）各佔一邊。A 用雙手轉動捲軸，由太陽前往冥王星或由冥王星返回太陽，B 上下擺動太空船。當 B 到終點，就轉用雙手轉動捲軸，A 轉為控制太空船，可反復遊玩。

製作步驟

材料：硬卡紙或廢棄零食盒、圓頭木筷子1雙、透明飲管1枝。
工具：雙面膠紙、白膠漿、剝刀、衣夾4個、間尺及萬字夾。

製作遊戲機盒

⚠ 使用刀具時須由家長陪同。

1 將盒模貼在硬卡紙上再修剪，另外直接裁剪宇宙船紙樣。

暫不裁出中央窗口。

2 如圖剝出盒模上的四個榫口，以及轉動棒使用的6個插入口。

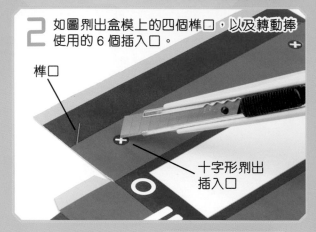

榫口

十字形剝出插入口

3 反轉盒模，用間尺及萬字夾劃出摺疊線。

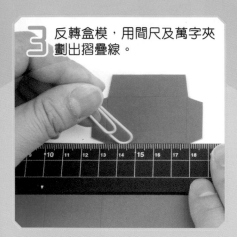

4 按壓為長方盒形，暫時不需併貼。摺疊後即可剪出中央窗口。

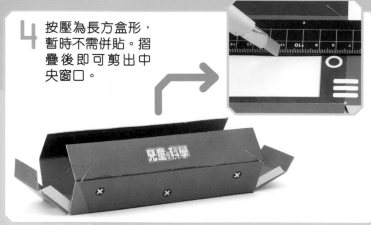

兒童科學

製作行星軌跡遊戲帶

5 剪出四條遊戲帶。用膠水或漿糊筆沿太陽到冥王星拼貼成一條長遊戲帶。

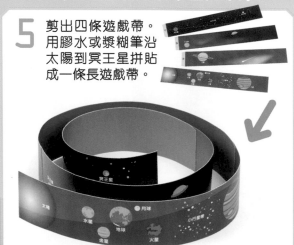

冥王星

月球

太陽

水星　地球　小行星帶

金星　火星

組裝紙製遊戲機

6 開始併貼機盒，用兩枝筷子戳穿遊戲盒的兩邊插入口，筷子左右部分平均露出即可。

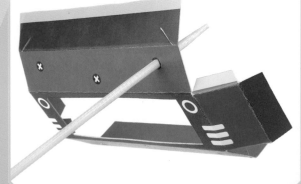

7 打開盒子，如圖先將遊戲帶用白膠漿貼穩一方的筷子，注意勿錯貼行星畫面的上下方向。

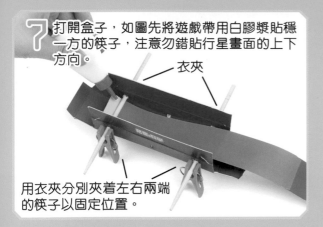

衣夾

用衣夾分別夾着左右兩端的筷子以固定位置。

8 捲動遊戲帶，再用白膠漿將遊戲帶尾段貼穩另一條筷子。

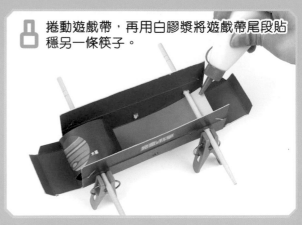

9 輕輕捲動兩邊遊戲帶，可用入榫併合為盒子，測試是否暢順運作。

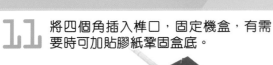

10 在盒底黏合處塗上膠水，再黏合。

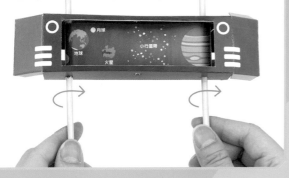

11 將四個角插入榫口，固定機盒，有需要時可加貼膠紙鞏固盒底。

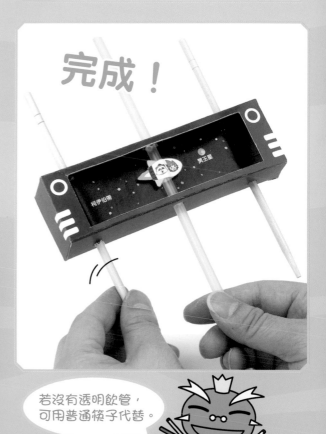

完成！

12 將透明飲管鑽進中央插入口，再如圖在飲管兩邊貼上穿梭機。

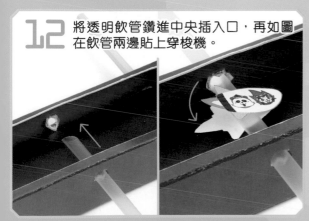

若沒有透明飲管，可用普通筷子代替。

八大行星的距離並非均等，所以我按比例微縮行星軌道。

例如太陽與火星之間的星際距離比較近，木星以後的行星距離相當遠。

原來地球與土星的距離，比地球離太陽更遠呢！

太陽系八大行星的距離

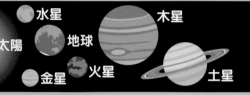

太陽　　水星　　木星　　地球　　金星　火星　　土星　　天王星　　海王星　　冥王星

地球與太陽相距約 1 億 5 千萬公里。以一棟 400層的大廈為比喻，太陽就在地面，地球則位處 10 樓。由此繼續推論，就能知道其餘八大行星及冥王星的分佈位置與平均距離如下：

媽媽說以前太陽系有「九大行星」，為何現在只有「八大行星」呢？

因為冥王星被剔除太陽系行星了。

390 / F 冥王星

95 / F 土星

柯伊伯帶

300 / F 海王星

52 / F 木星

192 / F 天王星

小行星帶

15 / F 火星
10 / F 地球
7 / F 金星
4 / F 水星
G / F 太陽

冥王星

Photo by NASA Goddard Space Flight Center / CC BY 2.0

冥王星（Pluto）在 1930 年列為太陽系的第九大行星。不過，隨着天文學界對其探測的數據增多，2006 年指出冥王星未能符合「行星」其中一個定義：「不能清理軌道附近的天體」，遂將冥王星歸類為「矮行星」（準行星）。

紙樣

❌ 開孔　　█ 黏合處

━━━ 沿實線剪下

╌╌╌ 沿虛線向內摺

遊戲機盒

太空船

太空船

太空船

15

太陽

a

b

c

土星

天王星

海王星

水星

金星

地球

月球

火星

小行星帶

木星

柯伊伯帶

冥王星

c

b

a

伏特犬和瓦特犬到了熊貓倫倫和蔡蔡的家中，正當大家一起吃東西及聊天之際⋯⋯

正文社 YouTube 頻道

嘟一嘟在正文社 YouTube 頻道搜索「#198 自製保溫瓶實驗」觀看過程！

我的熱朱古力已經涼了。

這杯汽水也不凍了呢。

不如我們用錫紙自製一個保溫瓶吧！

自製保溫瓶 實驗

錫紙？那不是傳熱得更快嗎，怎能保溫啊？

金屬可傳熱！

用具：冰、錫紙碗、膠碗

如果你是指這情況，那當然不能保溫啦。

1 準備兩塊大小相同的冰塊。

一塊放在錫紙碗內。　　　　一塊放在膠碗內。

科學實驗室

19

2 等待 1 至 2 小時……

錫紙碗內的冰塊已幾乎融化。

膠碗內的冰塊仍在！

熱能的傳遞方法

加熱物件，其實是一個將熱能輸送給該物的過程。物件吸收了熱能後，會發生甚麼改變呢？以錫紙為例：

錫紙確是一種傳熱能力頗高的金屬呢。

若把物件誇張地放大，就會發現那是由大量粒子構成。粒子吸收了熱能，便將之轉為自身的分子動能而震動。吸收的熱能愈多，震動幅度就愈大。

這個說法正好解釋物件為何會冷縮熱脹。

▼ 物件較熱時，粒子就震動較激烈，並將彼此迫開，因而稍為脹大了！

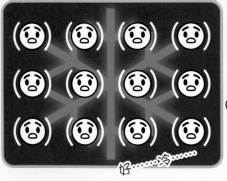

好……冷……

由此還可知粒子之間會互相碰撞，如果物件的溫度不匀，或是碰到另一件溫度不同的物件，就會發生以下的情況：

2 此外，錫紙是一種金屬，當中粒子之間充滿了橫衝直撞的自由電子。這些自由電子一樣會吸引熱能，吸得愈多就衝得愈快。

1 「熱情」的粒子撞到「冷靜」的粒子時，就會將一些能量傳給對方，使它加劇震動。能量因而在物件中傳遞開來，此過程就是熱傳導。

3 當自由電子撞到粒子或其他自由電子，亦會把能量傳開。由於金屬有自由電子輔助，所以傳導能力比沒有自由電子的物質更高。

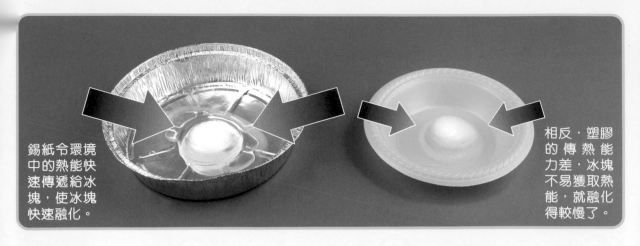

錫紙令環境中的熱能快速傳遞給冰塊，使冰塊快速融化。

相反，塑膠的傳熱能力差，冰塊不易獲取熱能，就融化得較慢了。

金屬可隔熱？

用具：玻璃瓶 ×2、錫紙、冰

到底怎樣用錫紙來保溫？

1 準備一張錫紙。

2 用錫紙包裹其中一個玻璃瓶。

3 在兩個玻璃瓶內，分別放入分量相等的冰塊。

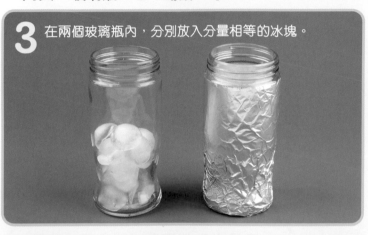

4 等待1至2小時後，拆開玻璃瓶的錫紙。

包了錫紙的玻璃瓶中，冰塊融化得較慢！

唭？錫紙有保溫作用呢。

要是中間再加一層絕緣層，效果就更好了。

額外絕緣保溫瓶

用具：玻璃瓶、錫紙、抹手紙、橡筋、冰

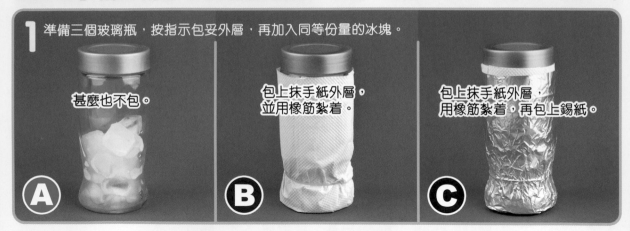

1 準備三個玻璃瓶，按指示包妥外層，再加入同等份量的冰塊。

A 甚麼也不包。

B 包上抹手紙外層，並用橡筋紮着。

C 包上抹手紙外層，用橡筋紮着，再包上錫紙。

保溫＝減少熱力傳遞

保溫就是儘量保持物件溫度不變，不論是減慢溫暖的物質變冷，還是減慢冰冷的物質變暖，都算是保溫。

要達至保溫，就須阻止熱力流出或流入。熱力除了可用前頁所述的傳導形式流動，還有兩種傳遞形式。保溫瓶的設計能減低這三種方法所傳遞的熱力。

四周的熱力源頭（例如太陽、暖爐、煮食爐、暖包等）

對流

這是由熱的流體（即空氣或液體）上升、冷的流體下降所致，只是保溫瓶內的空間狹小且只有一個開口，因此難以形成對流。

傳導

任何物質都可發生傳導，只是根據物質的特性而有快慢之別。固體（尤其是金屬）及液體一般傳導得較快，而空氣傳導則較慢。

最外層的錫紙傳導極佳，內層卻會減慢熱力傳導。

玻璃不是金屬，沒有自由電子，所以傳導性能差。

抹手紙會困着一層空氣。當中的空氣粒子不僅會流動，而且彼此相隔較遠，其震動較難影響其他空氣粒子，所以空氣的熱傳導較慢。

冰塊及玻璃瓶間亦有空氣，可減慢熱力傳導。

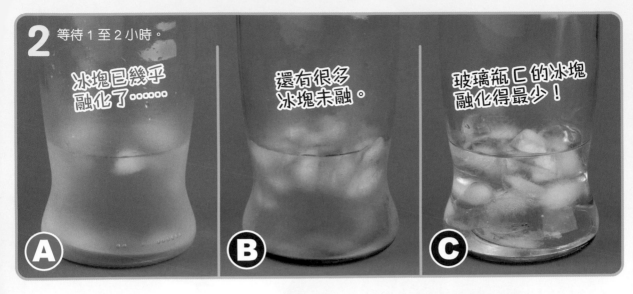

2 等待 1 至 2 小時。

A 冰塊已幾乎融化了……

B 還有很多冰塊未融。

C 玻璃瓶 C 的冰塊融化得最少！

輻射

這裏的輻射是指「熱輻射」，即物質遇熱時發出的電磁波，例如紅外線和可見光等。

或許看得到的熱輻射

所有物質或多或少都帶有熱能，並釋放熱輻射，分別在於熱輻射的「成分」。

▼錫紙上的自由電子把大部分熱輻射反射回去，只有小部分變成熱能。非金屬反射熱輻射的能力則較差。

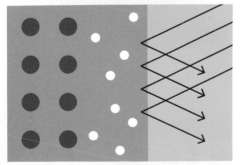

由於這三個傳熱途徑都受阻撓，熱能便跑不進瓶裏，於是瓶內的溫度不易改變，冰塊就能保溫，不易融化。

如果瓶內是熱水，熱能也跑不出來，一樣可保溫啊！

太陽表面約 5700 度，主要釋放黃光至白光。

當物件的溫度達到約 1000 度，便開始釋放紅光。

接近室溫的物件主要釋放不可見的紅外線。

藍巨星的表面溫度達 10000 度或以上，主要釋放白光至藍光。

2000 至 3000 度的物件以釋放橙光為主。

注意這個顏色尺度不能用來判斷火焰的顏色，因為火焰的顏色還會受燃燒的化學物質影響！

鄰舍賣旗日2021(全港)
10月9日(星期六)
全港首創夜光旗

捐款及
義工登記

日夜無間斷關懷社區上有需要長者
查詢熱線：2527 4567 | www.naac.org.hk

社會福利署署長已批准本機構於2021年10月9日在全港範圍賣旗。

大偵探
福爾摩斯
SHERLOCK HOLMES

Animation
International

© Rightman Publishing Ltd. Licensed by Animation Int'l

鄰舍輔導會
THE NEIGHBOURHOOD ADVICE-ACTION COUNCIL

福爾摩斯 精於觀察分析，曾習拳術，是倫敦最著名的私家偵探。

華生 曾是軍醫，樂於助人，是福爾摩斯查案的最佳拍檔。

大偵探 福爾摩斯
SHERLOCK HOLMES
科學鬥智短篇⑤
藍色的甲蟲(3)

厲河=改編　鄭江輝=繪

奧斯汀・弗里曼=原著　陳沃龍、徐國聲=着色

上回提要：

　　古老莊園失竊，被偷去了一些文件、一封古信和一隻玻璃製的藍色小甲蟲。然而，竊賊在一周後把文件和古信送還，更附上一封用蠟印封口、以打字機寫的信，蠟印上還按下了甲蟲底部的象形文字。信中說保存甲蟲一段時間，日後才完璧奉還。莊園主布圭夫與女兒莉里找福爾摩斯調查，並道出甲蟲和古信皆是其曾祖父西拉斯的遺物。當年西拉斯因財失義殺死親弟魯賓，而古信和象形文字暗示有一寶箱與魯賓的屍骨埋在一處神秘的地方。福爾摩斯從象形文字中看出端倪，認為甲蟲失竊與這段恩怨有關，並懷疑竊賊是魯賓遠親的後代、正與莉里交際中的哈勞特。於是，福爾摩斯與華生赴布圭夫的莊園，希望藉挖出寶箱接近哈勞特。沒想到的是，甲蟲竊賊早已挖過草地，但幸好對方以磁北定位，挖錯了地點。福爾摩斯則以正北定位，找到了寶箱。這時，哈勞特卻突然現身⋯⋯

　　「嘿嘿嘿，看來我來得正合時呢。」忽然，他們背後響起了一個清脆的男聲。

　　眾人回頭一看，只見一個臉上掛着冷笑的年輕紳士已站在眼前。

　　「哈勞特，你來了！」莉里欣喜地叫道。

　　「是的，我來了。」哈勞特向莉里打了個招呼，指着地上的珠寶說，「這些是阿瑟表叔的曾祖父留下的**遺物**吧？」

　　「你怎知道的？」福爾摩斯試探地問，「難道你也看過那些**象形文字**？」華生知道，老搭檔此問是個圈套，如果對方答「是」，就等於**不打自招**——承認自己是甲蟲竊賊！

　　「閣下一定是**大名鼎鼎**的福爾摩斯先生吧？」然而，哈勞特卻**不慌不忙**答道，「你指的是甲蟲底部的象形文字嗎？我可

沒看過啊。不過，莉里讓我看過你的**譯文**，我當然知道啦。」

聞言，布圭夫有點驚訝地問：「莉里，你……？」

「是的……」莉里有點害羞地答道，「因為……此事與他有關，我想事先讓他知道事件的……**來龍去脈**。」

華生以為女兒的**自作主張**會令布圭夫不高興，卻沒想到他只是歎了一口氣：「這也好，省得我再費唇舌解釋。」

說完，他吩咐僕人們先把屍骨放進木箱中，然後又命僕人撿起珠寶放到布袋裏。

「哈勞特，你是阿瑟的**繼承人**，這些珠寶是屬於你的。」布圭夫毫不惋惜地說。

「謝謝你。」哈勞特看了莉里一眼，有禮地應道，「詹姆斯叔叔，如果你不反對的話，我現在就把珠寶拿走。」

「好的，那麼——」

「**且慢！**」福爾摩斯連忙搶道，「保加先生，據我所知你仍未完成繼承遺產的手續，珠寶應暫時交由律師保管，待完成手續後，你才可取回。」

「是嗎？」哈勞特爽快地說，「沒問題呀，就交由律師保管吧。」

「那麼，我們把珠寶拿到你的農場點算一下，列出一張**清單**，再由布圭夫先生與你簽名確認。我和華生醫生就擔當見證人吧。」

「你同意嗎？」布圭夫向哈勞特問道，「同意的話，我叫僕人請**米切爾律師**來辦理見證手續。」

哈勞特向福爾摩斯瞥了一眼，想了想，似乎在**揣摩**大偵探的**用意**，但最後仍點點頭說：「就這麼辦，先把珠寶拿到我的農場點算一下吧。」

十多分鐘後，眾人已來到哈勞特的農場。福爾摩斯打開布袋，把珠寶逐一放到一張圓桌上。

「嘩！有手鐲、項鏈、耳環、戒指和金條，實在太漂亮了！」莉里看着珠寶讚歎。

「是啊！」布圭夫說，「這些都是過百年的古物，看來值逾千英鎊呢！」

哈勞特雖然極力保持鎮定，但看着**垂手可得**的珠寶，也興奮得兩眼發光。

「保加先生，這裏有**打字機**嗎？」福爾摩斯**出其不意**地問，「物品清單是法律文件，用打字機打出來比手寫更好。」

「啊……」哈勞特從耀眼的珠寶中回過神來，「有！書房有一部，我把它抬出來給你用吧。」

聞言，華生幾乎「噗哧」一聲笑出來。他佩服地暗想：「福爾摩斯真厲害！這樣的話，不就掌握了實證嗎？」因為，珠寶清單中的耳環（earring）和項鏈（necklace）都含有字母「n」，而只要在清單中提及珠寶（treasure）和先祖魯賓（Reuben）就可取得字母「u」。這麼一來，就有足夠樣本與竊賊的信件對照了！

不一刻，哈勞特抬來一部打字機，福爾摩斯馬上**裝模作樣**地一邊用放大鏡檢視珠寶，一邊打起清單來。過了一個小時，他才整理好一份清單，並讓布圭夫和哈勞特簽了名。這時，個子矮小的米切爾律師也匆匆趕到，在他的見證下，福爾摩斯和華生都在清單上簽了名。

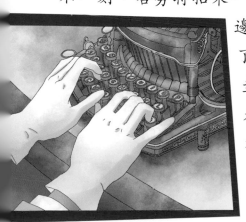

「沒想到事情進展得這麼順利，一宗**百年未解的懸案**總算解決了。」布圭

夫放下心頭大石地说。

「是嗎？」福爾摩斯揚了揚眉毛，「那隻藍色的甲蟲怎辦？我們還未找到它呀。」

「呀！對，你不提起的話，我差點忘記了。」布圭夫说，「不過，魯賓的屍骨和寶箱都找到了，能否找到那隻甲蟲已不重要啦。」

「嘿嘿嘿，布圭夫先生，藍色的甲蟲雖然不重要，但進入你家爆竊的竊賊可不能不抓啊。」

「但怎樣抓？目前一點線索也沒有呀。」

「不，線索早已有了，連犯罪證據也剛剛到手了。」

「犯罪證據？在哪裏？」布圭夫訝異。

「就在這裏！」福爾摩斯一手抓起那張清單，朗聲道。

「甚麼？清單是證據？」布圭夫不明所以。

「對，你究竟在說甚麼？」哈勞特也按捺不住地問，「為何珠寶的清單是證據？」

「嘿嘿嘿……」福爾摩斯眼底閃過一下寒光，「因為，這些清單是用甲蟲竊賊的打字機打出來的！」

「你……你说甚麼？」莉里大驚失色。

「一派胡言！」哈勞特厲聲喝道，「打字機是我的，你那樣说，豈不是暗示我就是那個甲蟲竊賊嗎？」

「嘿嘿嘿，保加先生，你说得太客氣了。」福爾摩斯冷笑，「我说的可不是暗示，我已丁一確二地指出了——你就是那個甲蟲竊賊！」

信上的 → n u
清單上的→ n u

說完，福爾摩斯施施然地掏出那封竊賊的來信，用放大鏡向眾人展示了信上的「n」和「u」。接著，又展示了清單上的「n」和「u」。

「啊……！兩者的『n』和『u』都有**瑕疵**，而瑕疵竟**一模一樣**……」布圭夫詫異萬分。這時，眾人的目光都不期然地集中到哈勞特的身上。

「不……不是……不是我幹的，我沒偷過藍色的甲蟲。」哈勞特慌張得**期期艾艾**地說，「我……我也不知道這是怎麼一回事啊！」

一直**冷眼旁觀**的米切爾律師看準時機，以專業的口吻說：「哈勞特‧保加先生，言多必失，你現在最好**保持緘默**。如果不是你幹的，警方一定會查明真相的。」

「這……」哈勞特一臉委屈似的往莉里看去。

此時，莉里的眼裏已眶滿了淚水，她傷心地別過頭去掩面飲泣，無言地拒絕了哈勞特的求助。在**證據確鑿**之下，看來她已接受了殘酷的現實。

「各位，我現在去召警察來，你們不要離開這裏，也不要碰觸打字機等證物。」米切爾律師說完，就匆匆離開了。

華生和福爾摩斯以為哈勞特會找機會逃走，故一直緊緊地盯着他。但出奇的是，哈勞特只是**三番四次**向眾人說自己是冤枉的，看來並沒有逃跑的意圖。半個小時後，米切爾律師帶着幾個警察又匆匆地回來了。

警察向各人錄取口供後，已近黃昏。其間，他們在哈勞特的書房中，還搜出了那隻**藍色的甲蟲**。哈勞特立即被拘捕了。

「**莉里！我是冤枉的！**我不知道為何甲蟲會在書房裏！請你相信我！」哈勞特被押走時，仍哭喪似的辯解。但莉里把臉埋在父親的肩上痛哭，並沒有理睬。

「看來，最可憐的是莉里呢。」登上回倫敦的火車後，華生深有感觸地說。

「是的，其實哈勞特是**賺**了。他在獄中呆一年半載就能回復自由，到時不但可繼承阿瑟的農場，還**冷鍋裏撿了個熟栗子**，可以**名正言順**地取得價值逾千英鎊的珠寶。」

「這麼説來，你花了那麼大的氣力找出寶箱，表面上是破了案，實質上卻是為哈勞特**作嫁衣裳**呢。」

「嘿嘿嘿，純從金錢的角度，你可以這樣看。」福爾摩斯不以為然地説，「但是，此案撕破了哈勞特的**假面具**，對布圭夫父女來説也是一件好事呀。你想想看，要是莉里嫁給了那個騙子，必會**抱憾終生**啊。」

「説的也是。」華生點點頭，「我們總算幹了一件好事。」

隆隆隆隆隆隆……

火車經過一座鐵橋，發出了巨大的聲響。此時，福爾摩斯和華生並不知道，他們其實犯了一個嚴重的錯誤，因為真正的得益者並非哈勞特，而是……

兩天後，**狐格森**和**李大猩**突然到訪貝格街221號B。

「啊？怎麼不請自來？不是又遇上了甚麼麻煩吧？」福爾摩斯語帶戲謔地説。

「麻煩？」李大猩不滿地說，「確實是有麻煩呀，不過是你為我們帶來的。」

「對，這是你和華生的簽名嗎？」狐格森掏出一張紙遞了過去。

「**我的簽名？**」華生聽到自己的名字，連忙湊過去看。

他一看之下，不禁訝異：「咦？這不是那張珠寶清單嗎？怎會在你們手上的？」

「還用問嗎？當然是查案啦。」狐格森答道。

「啊？你們負責哈勞特的案子？」福爾摩斯感到奇怪，「這種**鼠竊狗盜**的小案也歸你們管嗎？」

「**哼！**我們才沒空管那種小案呢！」李大猩悻悻然地說，「那個叫哈勞特的傢伙半年前牽涉一起詐騙案，受害人是咱們局長的朋友，而且對方是**國會議員**，我們才不得不出手調查啊！」

「對，**殺雞焉用牛刀**，真浪費了我們這種一等一的人才啊！」狐格森不忘乘機吹噓。

「原來如此。」福爾摩斯說，「那麼，你們得好好招呼一下那個騙子，讓他吃多幾年牢獄飯。不然，他一出獄就變成富豪，能天天享受**美酒佳餚**。」

「變成富豪？為甚麼這樣說？」狐格森問。

「你們不知道嗎？他會繼承一大筆遺產和清單上的珠寶呀。」

「嘿嘿嘿，沒想到大偵探收集情報的能力如此不濟。」李大猩譏笑道，「哈勞特的表叔阿瑟為了迫使外甥**改過自新**，特意在遺囑上寫明在自己死後他不得再次犯法，否則就會被褫奪繼承權。所以，他出獄時只會**不名一錢**，連吃頓最便宜的炸魚薯條也成問題呢。」

「竟有此事？」福爾摩斯和華生都大吃一驚。

「嘿！真正得益者只有一個人，那就是莉里，因為她是遺產的**第二繼承人**。」李大猩續道，「哈勞特出了事，繼承權就落在她的手上了。」

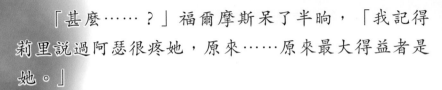

「甚麼……？」福爾摩斯呆了半晌，「我記得莉里說過阿瑟很疼她，原來……原來最大得益者是她。」

「怎麼了？」華生覺得老搭檔神情有異，於是問道，「是哈勞特**自作自受**呀，由莉里繼承遺產不是更好嗎？」

「不……」福爾摩斯臉上閃過一下痙攣，「我們可能受騙了。」

「受騙了？甚麼意思？」華生詫異地問。

「等等，我必須整理一下思路，把整個推理過程重新檢視一次。」福爾摩斯說完，就走到窗邊把煙斗點着，凝神地看着窗外的景色，陷入了沉思之中。

李大猩和狐格森**面面相覷**，完全不知道福爾摩斯在想甚麼。

不一會，福爾摩斯轉過頭來，向華生三人說出了他重新檢視**推理**的結果。

福爾摩斯錯誤的推理

①哈勞特從表叔阿瑟口中得悉先祖魯賓與西拉斯的恩怨，並知道西拉斯留下的遺物中可能藏有寶箱所在的信息。

→

②哈勞特去找莉里時，通過布圭夫書房的玻璃門，看到兩人正在檢示西拉斯的遺物。於是，他到雜物房放火，趁亂偷走內有藍色甲蟲和西拉斯古信的木盒。

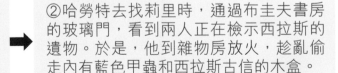

④他以為自己解讀有誤，就留下甲蟲，並用打字機打了封以蠟印封口的信與木盒一起寄回給布圭夫。不過，他把象形文字印在蠟印上，想利用布圭夫找出寶箱的真正埋藏地點。

←

③隨後，他破解了甲蟲底部的象形文字，並偷偷到風車小屋附近的草地挖掘寶箱，卻因不懂**磁北**與正北的分別而挖錯了地點。

⑤布圭夫與莉里收到信後向福爾摩斯求助。福爾摩斯譯出象形文字的內容，得悉魯賓屍骨與寶箱的埋藏地點，並把譯文寄給布圭夫。莉里卻私下與哈勞特分享譯文。

→

⑥哈勞特看到譯文與自己的解讀一樣，於是靜觀其變，看看福爾摩斯如何找出寶箱的正確位置。

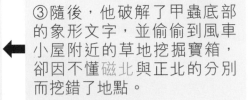

⑧福爾摩斯借用打字機打出珠寶清單，證實竊賊的信也出自這部打字機，哈勞特因盜竊甲蟲而被捕。

←

⑦福爾摩斯挖出寶箱後，哈勞特現身，以繼承人身份名正言順地要求取回寶箱。

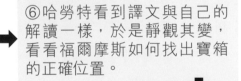

福爾摩斯修正後的推理

①神秘人破解了甲蟲底部的象形文字，偷偷到風車小屋附近的草地挖掘寶箱，卻因不懂磁北與正北的分別而挖錯了地點。他以為自己解讀錯誤。

→

②於是，神秘人找幫手在布圭夫家的雜物房放火，趁亂假裝偷走內有藍色甲蟲和西拉斯留下的古信的木盒。

③接着，神秘人找幫手潛進哈勞特的農場，用哈勞特的打字機打了封以蠟印封口的信，並把象形文字印在蠟印上。同時，還把甲蟲放到哈勞特的書房中插贓嫁禍。

④然後，神秘人把蠟印封口的信與木盒一起寄回布圭夫家，為自己製造委託福爾摩斯解讀象形文字的藉口。

⑤福爾摩斯譯出象形文字，得悉魯賓屍骨與寶箱的埋藏地點，並把譯文寄給布圭夫。莉里卻私下與哈勞特分享譯文。

→

⑥神秘人看到譯文與自己的解讀一樣，於是靜觀其變，看看福爾摩斯如何找出寶箱的正確位置。

⑧福爾摩斯借用打字機打出珠寶清單，證實竊賊的信也出自這部打字機，哈勞特因盜竊甲蟲而被捕。

←

⑦福爾摩斯挖出寶箱後，哈勞特現身，以繼承人身份名正言順地要求取回寶箱。

⑨由於哈勞特犯法，阿瑟的遺產由莉里繼承，寶箱落入莉里手中。神秘人得償所願。

→ **那麼，神秘人是誰？**

「現在的問題是——神秘人是誰？」福爾摩斯總結道。

「哼！還用問嗎？」李大猩自以為是地說，「一定是莉里，她是最大得益者！」

「英雄所見略同，我也認為是莉里！」狐格森惟恐吃虧似的連忙和應。

「嘿嘿嘿，真的是莉里嗎？」福爾摩斯狡點地一笑，「神秘人在挖錯地方時，她連藍色的甲蟲也沒見過，神秘人又怎可能是她？而且，她與哈勞特正在熱戀中，又怎會向他插贓嫁禍？」

「那麼……」華生赫然一驚，「難道是布圭夫先生？」

「沒錯！」福爾摩斯眼底閃過一下寒光，「他才是整個案子的**始作俑者**！在案子發生前，只有他看過那封古信和甲蟲底部的象形文字。而且，他曾對阿瑟的農場**虎視眈眈**，加上珠寶**價值不菲**，只要讓女兒繼承了阿瑟的遺產，他日後就可予取予攜。」

「原來如此。」華生恍然大悟。

「現在回想起來，我也實在太愚蠢了。」

「為何這樣說？」華生問。

「不是嗎？案發後，竊賊把偷去的東西全部寄回，卻毫無必要地保留了甲蟲，其**插贓嫁禍**的目的**彰彰明甚**，我竟視而不見。」福爾摩斯反省道，「反之，如果竊賊是哈勞特的話，一定會把甲蟲也一起寄回，因為他根本沒有保留甲蟲的動機。此外，他知道自己犯法就會失去繼承權，必定會克制一下，在遺產到手之前都不會輕舉妄動。所以，甲蟲竊賊除了是布圭夫外，別無他人！」

「**英雄所見略同**，我也認為甲蟲竊賊除了是布圭夫外，別無他人！」狐格森**見風使舵**，臉不紅耳不赤地馬上修正了剛才的看法。

「喂！你可以有點原則嗎？」李大猩罵道，「只懂得**拾人牙慧**，不害羞嗎？」

「拾人牙慧總好過執迷不悟呀！」狐格森反唇相譏。

「哎呀，你們別吵了。」福爾摩斯沒好氣地說，「哈勞特雖然有**詐騙前科**，但此案與他無關，必須為他翻案。」

「好！我們馬上去把布圭夫拘捕歸案！」李大猩興奮地說。

「但證據呢？」華生說，「就算剛才的推論正確，但一點證據也沒有呀。」

「是的，布圭夫插贓嫁禍的佈局**天衣無縫**，看來毫無破綻可言。」福爾摩斯也不禁皺起眉頭。

「那怎麼辦？難道眼巴巴地看着布圭夫**逍遙法外**嗎？」狐格森問。

「福爾摩斯，你的腦袋生鏽了嗎？」李大猩一把抓着福爾摩斯的

衣襟喝道，「你不是倫敦**首屈一指**的私家偵探嗎？一定有破綻的，快開動腦筋，找出破綻吧！」

「對……不管一個人如何聰明，也總會有**破綻**的……」福爾摩斯自言自語，「假的真不了，他的説話中一定隱藏了**謊言**。破綻……破綻究竟隱藏在哪裏呢？」

「**呀！**」華生突然説道，「他説看不懂象形文字，那一定是説謊！因為他雖然挖錯了地方，卻準確地以**磁北**定位，計算出挖掘的方位呀！」

「這個我知道，但倘若不能證明他讀懂了那些**象形文字**，我們對他也莫可奈何——」福爾摩斯説到這裏，突然止住。

「**翻譯！**是翻譯！破綻在翻譯裏！」在遲疑了數秒後，他瞪大眼睛叫道。

「甚麼意思？」李大猩問。

「布圭夫説通過翻譯，請教過一位**埃及學者**，但也沒讀懂那些象形文字。」福爾摩斯興奮地説，「當初我以此推論，認為那位埃及學者不懂英語，才不明白箇中意思。可是，我其實掉進了自己設下的**陷阱**。」

「自己設下的陷阱？甚麼陷阱？」華生並不明白。

「**邏輯的陷阱**。」福爾摩斯説着，作出了以下説明。

Ⓐ 錯誤的邏輯

布圭夫需要翻譯 ——→ 埃及學者不懂英語 ——→ 無法解讀象形文字
　　　　　　　（證明）　　　　　　　　　　　（故此）

Ⓑ 正確的邏輯

埃及學者不懂英語 ——→ 布圭夫需要翻譯 ——→ 可通過翻譯解讀象形文字
　　　　　　　（故此）　　　　　　　　　（故此）

「我掉進了Ⓐ的邏輯陷阱中，所以對Ⓑ的邏輯**視而不見**，犯

了非常簡單的錯誤，實在慚愧。」福爾摩斯感到有點**無地自容**。

「哈哈哈，原來我們的大偵探也會出錯呢！」李大猩趁機取笑道。

「哼！福爾摩斯雖然犯錯，但也懂得糾正錯誤呀。」狐格森看不過眼**拔刀相助**，「你只懂得**吵吵嚷嚷**地叫人找出破綻，不覺得害羞嗎？」

「你說甚麼？」李大猩氣得**呲牙咧嘴**，「你自己呢？你自己不也是只懂得**袖手旁觀**，屁也沒放一個嗎？」

「哎呀，現在不是吵架的時候啊，快點去找那個**翻譯**吧。」福爾摩斯說，「只要他能證明布圭夫早已知道那些象形文字的意思，你們就可把他拘捕歸案了。」

兩天後，孖寶幹探找到了那個翻譯，證實了福爾摩斯的推論，並把布圭夫拘捕了，更為哈勞特洗脫了**盜竊罪**。但與此同時，兩人隨即檢控哈勞特在半年前犯下的**詐騙罪**，又把他拘捕了。

一星期後，法庭開審，分別審理了相關的三個案子——
甲蟲盜竊案、哈勞特詐騙案和遺產繼承案。

「弔詭的是，哈勞特的詐騙案發生於阿瑟逝世之前，照道理並沒有違反阿瑟死後『繼承人不得犯法』的原則。」福爾摩斯在出庭旁聽後，向出診回來的華生說，「但是，他被判有罪卻是在阿瑟死後，結果還是被**褫奪了繼承權**。所以，最終仍是由莉里繼承了阿瑟的遺產。」

「啊……這麼說來，最大得益者仍是莉里呢！」華生說，「她不但得到了大筆遺產，還知道哈勞特是個詐騙犯，避免了**錯付終身**。」

「是的。布圭夫也供稱**插贓嫁禍**是為了阻止莉里嫁給哈勞特，並不是貪圖阿瑟的農場和西拉斯留下來的珠寶。」

「原來是這樣啊！」華生感動地說，「那麼我們錯怪布圭夫先生了。想起來，不管怎樣看，他也是個**慈祥的老者**啊。」

「嘿嘿嘿，華生，你太容易相信人了。」福爾摩斯斜眼看了看華生，搖搖頭說，「你知道嗎？在法庭上，當莉里表明會把那些搶掠得來的珠寶捐給南美的博物館後，布圭夫身子一晃，差點被氣得**當場昏倒**呢。」

「甚麼人差點被氣得當場昏倒？」突然，一個**熟悉的聲音**在背後響起。

兩人回頭一看，原來是小兔子，他不知道甚麼時候又竄進來了。

「呀！我知道了！」小兔子叫道，「一定是愛麗絲來追房租，你們又付不出，於是被她**尖酸刻薄**地罵得差點當場昏倒！」

聞言，福爾摩斯和華生都被氣得漲紅了臉，他們抓起身旁的雜物就往小兔子擲去，並齊聲喝罵：「**傻瓜！快滾滾滾滾滾！**」

科學小知識

【磁北】與【極北】

磁鐵的兩頭分為N極和S極，N極指向北方；S極指向南方。指南針就是利用磁鐵這種特性製造出來的。因為，地球就像一塊大磁鐵，也分N極和S極（下稱地磁極），地磁北（S極）位於地球的北極附近；地磁南（N極）則位於地球的南極附近。指南針內的磁針受到地球磁場的影響，磁針的N極會指向地磁北（S極）；磁針的S極則會指向地磁南（N極）。但是，地磁北和地磁南與地理上的北極和南極有偏差，並非重疊在一起。

而且，地球的磁場不斷變化，地磁北每天都從位於加拿大的北極往俄羅斯的西伯利亞移動幾十公里，所以100年前的磁北與現在的磁北並不一樣，用100年前磁北的定位來量度現在的方位，就會出現偏差。

此外，由於磁北與正北（地理上的北極）有偏差，用指南針量度正北時，必須連偏差角也計算在內，否則得出的方位是不準確的。在本案中，布圭夫的曾祖父西拉斯留下的、是以正北定位量度出來的數據。但布圭夫卻用了130年前的、以磁北定位量度出來的數據，當然是差之毫釐，謬以千里，不可能找到埋藏寶箱的正確位置了。

創新科技嘉年華
InnoCarnival 2021

innocarnival.hk

地點　香港科學園
日期　2021 年 10 月 23 日至 31 日
時間　（星期一至五）上午 10 時至下午 5 時
　　　（星期六及日）上午 10 時至下午 6 時

©RPL lic by AI

一年一度的科普盛事「創新科技嘉年華」於 10 月舉行。今年的主題是「創新成就未來」（Innovate for a Bright Future），設有實體展覽區域及線上活動，共同展出「香港製造」的科技成就。

主辦機構特設互動遊戲區，考考你的身手及反應！另有線上工作坊及線上講座等，所有活動費用全免。此外，大偵探福爾摩斯還會隨時現身，大家不要錯過跟他合照的好機會喔！

Zoom 虛擬背景

©RPL lic by AI

實體展覽及遊戲

逾 30 多個本地大學、科研機構及企業等單位在 4 大展覽區（藍、紅、黃及綠）內，展出創新科技發明和研究成果，例如日內瓦發明展及本地學生科學比賽中獲獎的科研項目。部分攤位更設有鬥智及挑戰身手的遊戲，讓大人小朋友都能與創新科技互通。

- 藍區：介紹嶄新的智慧城市科技，包括 5G 技術、道路安全、公共服務及建設、教學軟件。還有多項本地學生在科學比賽上獲獎的創意科學發明品和研究項目。
- 紅區：多個政府部門、本地科研中心及機構向你示範如何把創新科技融入生活。
- 黃區：展示如何透過創新科技推動及改善醫療、生物科技、復康服務以至製衣工業等發展。
- 綠區：多家本地大學及教育機構展示最新科研發明和項目，當中有 STEM 教學軟件、生物醫學、記憶訓練、環境保護、癌症治療等。

完成參觀的朋友，有機會獲得精美紀念品！

幸運遇到我的話，就來打個卡吧！

線上活動焦點推介

網課中

如何將科學元素加入創作

講者：厲河先生　　對象：公眾

《大偵探福爾摩斯》作者厲河先生將講解如何在福爾摩斯世界融入科學元素，並為靈感來源解密，機會難逢！

免費下載

登入「創新科技嘉年華 2021」的網址（見下方 QR Code），即可免費下載《大偵探福爾摩斯》的 Zoom 虛擬背景、WhatsApp Stickers，以及單元故事《麵包的秘密》漫畫，內含該故事的科學原理及工作紙，消閒與學習俱備！

Zoom 虛擬背景

《麵包的秘密》漫畫

WhatsApp Stickers

線上工作坊　　對象：小一至小六、中一至中三

Makecode Arcade 手遊製作

Makecode Arcade 是一個創作簡單遊戲的編程平台。透過簡易的積木式編程，就可製作屬於自己的電子遊戲，學習電腦及設計思維，還可將遊戲分享到電腦或智能電話上遊玩，展現你的無限創意！

自製隔空輸電裝置

無線充電技術帶來生活便利，究竟無線電能傳輸是甚麼？參加者在工作坊中將可親手製作一個無線亮燈裝置，從而了解其原理及技術。

小型升降機製作

有 idea

參加者可製作小型升降機，按鍵時利用液壓裝置，輕鬆升高重物，體驗如何用較少的力推動物品，節省人力！

報咗名未？

注意部分活動須預先登記，名額有限，先到先得。

大會將安排免費穿梭巴士於大學、沙田、九龍塘及金鐘港鐵站，接載大家前往會場。

詳情請瀏覽網址
innocarnival.hk

開心禮物屋

迎接 繽紛萬聖節

今年10月31日萬聖節是星期天，你會計劃怎樣度過假日呢？

A 汪汪隊立大功 培樂多泥膠機 **1名**

送你阿奇造型泥膠機及5罐泥膠！

B 4M工藝系列 編織絢麗錶帶 **1名**

內有電子錶及DIY錶帶顏色繩！

C 柯南科學漫畫《人體的秘密》+《昆蟲的秘密》 **1名**

看漫畫認識生命的奧秘！

D The Great Detective Sherlock Holmes 4+5集 **2名**

英文版大偵探福爾摩斯《吸血鬼之謎》及《女明星謀殺案》！

E 大偵探筆袋 **1名**

福爾摩斯、華生和愛麗絲陪你做功課！

F Wave Racer 感應賽車 **1名**

在車尾揮揮手，賽車就會前進！

G 大偵探水樽 **1名**

做完運動要多喝水！

H 星光樂園神級偶像Figure **2名**

可愛Q版人偶！

I TOMICA 車仔系列：Komatsu 推土車 **1名**

日本TOMY玩具經典系列！

★ 第196期得獎名單 ★

A	羊駝平衡遊戲	梁星妤
B	大富翁卡牌遊戲	陳懿曈
C	大偵探書包	譚穎詩
D	大偵探Tee (藍色140)	陳知言
E	大偵探福爾摩斯大電影漫畫版（上+下集）	謝俊恆
F	森巴STEM 1+2集	吳政衡
G	電動萬向玩具車	周子文
H	星光樂園神級偶像Figure	邵玥羲 梁若藍
I	《星球大戰》頭盔擺設	劉弘曦

第195期得獎者
（家長代領）

《兒童的科學》創作組＝編
Yuthon＝插畫

誰改變了世界？

捕電者
富蘭克林

噹！噹！噹！洪亮的鐘聲從教堂鐘樓一直響著，夾雜了從陰暗天空隱約傳來的雷鳴。

突然，一道閃光劃破天空，緊接著「轟隆」一聲乍響，鐘樓的尖頂瞬即爆出火花。之後火苗迅速變大，並往下蔓延。不一刻，鐘聲戛然停止，濃煙從教堂中殿的大門冒出，玻璃窗戶也顯現熊熊火光，途人見狀紛紛叫嚷起來。

「着火了！聖堂着火了！」

「人來啊，快來救火啊！」

不少人立即跑到井邊提水，再傳給身邊的同伴去救火。然而，火勢實在太猛烈，整座建築物很快已陷於火海中，部分更倒塌下來。

經過半天，大火終於完全熄滅。

「上帝啊……」人們面對一片頹垣敗瓦，不禁茫然若失。不過，也有人看着如此淒慘的情景，卻想著不同的事情。

「雷電的威力果然厲害，究竟要怎樣才能避過它的襲擊？它與一般的電又有甚麼不同呢？」班哲文・富蘭克林*(Benjamin Franklin) 的腦子正不斷思考。

這位18世紀著名的美國開國元勛亦是出眾的發明家。眾所周知，他製造出避雷針，從此保護各建築物免受雷擊。不過大家又是否知道，他的貢獻並不只於此。

*或譯作「本傑明・富蘭克林」或「班傑明・富蘭克林」。

1706年，班哲文·富蘭克林（下稱「富蘭克林」）生於**波士頓**，在家中排行十五，上有超過十個兄姊，下有兩個妹妹。父親喬塞亞於1683年從英國移居美洲後，以**蠟燭匠**為業，兼製造肥皂，雖收入不豐，但足以養活家人。

小時候的富蘭克林**好動活潑**，常與同伴到河邊游泳或划船。有一次，他察覺只要增加撥水的面積，就能游得更快，於是自行製造一對手蹼和腳蹼**提升速度**。另外，他亦對**風箏**情有獨鍾，曾試過一邊仰臥在河面，一邊用手放着風箏，讓其拉着自己隨風**漂蕩**。

8歲時，他到一所文法學校讀書，成績不俗，可惜在大約一年後卻被逼**中斷學業**。原因是家裏人口多，父親無力負擔學費。於是，富蘭克林就在父親喬塞亞的**蠟燭店**工作，學習製造蠟燭，只是工作非常**辛苦難過**。後來父親有見及此，便與他到街上觀察木工、泥瓦匠、鋼刀工等，看看有哪些職業適合他。

結果1718年，12歲的富蘭克林在哥哥詹姆斯手下當**印刷學徒**。與此同時，由於印刷廠時常印製書籍，他亦有機會接觸各種書本，滿足**求知**的欲望。

因他與其他書店學徒交好，得以**借書**閱讀……

「記得明天早上還啊，若被師傅發現了，我就**大禍臨頭**了。」一個少年把一本厚如詞典般的書交給富蘭克林。

「放心吧，今晚我就能**啃掉**它。」富蘭克林摸摸書的封面道。

「你也看得真**快**呢。」少年叮囑說，「對了，記緊別弄髒書，否則賣不出去啦。」

「知道了。」

後來，他聽說**素食**能令人頭腦更清醒，遂改而只吃馬鈴薯、玉

米粥、麵包等，又從不喝酒，這樣還可省下不少錢來買書。另外，他又閱讀報章《旁觀者》*，被其優美的文筆吸引，遂刻意模仿練習，由此練就出好文筆。

1721年，詹姆斯創辦《新英格蘭報》。富蘭克林為一試「身手」，就悄悄地匿名投稿。他以一名虛構人物「塞萊斯·杜古德夫人」*的名義，對社會時事嬉笑怒罵，針砭時弊。其成熟而幽默的風格吸引了許多讀者，有一次他的文章甚至登上了頭版呢！

不過，後來他因與哥哥意見不合，便偷偷離開波士頓，到其他地方創一番事業。1723年他乘船去紐約找工失敗，便改往費城，當到達目的地時，口袋裏只剩下兩個銅板，一貧如洗。幸好，最終他在一間印刷商店找到工作。

及後，富蘭克林決定自行開店，並前往倫敦選購設備，其間在另一間印刷公司工作，至1726年才回國。當一切準備就緒，1728年他終於開辦自己的印刷所，業務蒸蒸日上，1729年又收購《賓夕凡尼亞報》，開展報業。他親自撰寫各種文章，辦得有聲有色。

此外，1727年他與一些商人同伴組成俱樂部「共讀社」(Junto)，一起討論時事、科學、道德等話題，旨在自我提升。後來他提議每位成員將自己的書籍送到俱樂部所在的房子，讓大家互相借閱。此後他每天都挪出一兩個小時讀書，甚至學習其他外語，彌補自己早年失學的不足。及後他進一步推廣，於1731年促成創辦美洲殖民地第一間圖書館——費城圖書館*，後來其他城鎮也競相仿傚。

另一方面，為了增加收入，自1732年他化身理查·桑德斯，每年出版著名的《窮理查年鑑》*。它甫一出版就成為風行歐美的暢銷書，每年銷售近萬冊，使富蘭克林獲利豐厚。

「年鑑」或稱「曆書」，當中匯集了一年內的統計資料，內容幾近無所不包，例如月亮圓缺的日子、潮汐起落的時間、季節性的天氣預報等，也會收錄一些詩歌、諺語警句、實用家務指南，甚至是小遊戲。

---

* 《旁觀者》(The Spectator) 是於1711年3月至1712年12月出版的日報。　* 「塞萊斯·杜古德夫人」(Mrs. Silence Dogood)。
* 費城圖書館公司 (Library Company of Philadelphia)，最初是須收費的會員制圖書館。目前藏有約50萬冊書籍及16萬份手稿，並開放給公眾免費使用。
* 《窮理查年鑑》(Poor Richard's Almanack)，至1758年完結。

報紙與印刷令富蘭克林**名成利就**，生活安穩。於是，他轉而發展其他事業，其中一項就是進行各種科學研究。

風箏捕電

富蘭克林認為科學研究應該以實用為本，而且有益於人。1742年，他發明一種**壁爐**，聲稱可節省燃料，提升效能，還能減少煙霧飄進室內。

次年，他在波士頓觀看一場**實驗表演**，由此對**電**這種神奇的能量產生興趣……

「午安，各位先生女士！」一個**西裝筆挺**的男人站在布幕前方，向觀眾朗聲道，「鄙人斯賓塞*，來自蘇格蘭，今天為大家展示各種新奇的實驗**以開眼界**！」

接着他拉開帷幕，只見一個約8歲的**男孩**凌空吊在天花板下。其腰部和雙腿都以**絲帶**繫着，右手拿着一枝**短棍**，棍上則繫了一顆**象牙球**，球的下方還放了一個盆子，裏面有些**紙屑**。

這時，斯賓塞拿着一根**玻璃管**，用絲絨布使勁地摩擦了好一會兒，道：「神奇的一刻要開始了！」

當他把玻璃管碰觸男孩的頭部時，男孩的頭髮竟豎起來了，盆中的紙屑亦隨即徐徐**飄起**，附在象牙球上。然後，他又將玻璃管往男孩的褲子輕輕一掃，竟閃出了一絲**火花**。

「噢！」觀眾皆**嘖嘖稱奇**。

這場表演令富蘭克林大感好奇，他回到費城後對其**念念不忘**。那時，好友兼英國皇家學會成員克林遜*剛巧寄來一份禮物——一根玻璃管以及實驗說明書，還有些關於電學知識的書籍。於是，富蘭克林**依樣畫葫蘆**，進行試驗，且漸漸**得心應手**。

其間，他對電深入研究，曾將一根**尖狀物**碰觸一個充了電的鐵球而引發火花，但若改用**軟木塞**等其他物件卻無法做到相同效果。另一方面，雷電亦經常打中建築物尖頂，引發火災。那麼，若明瞭雷電的**本質**，是否就能避免遭受雷擊？

1749年4月，富蘭克林提出有關雷電的理論。他認為雲內有大量

*阿奇博爾德・斯賓塞 (Archibald Spencer，1698-1760年)。
*彼得・克林遜 (Peter Collinson，1694-1768年)，英國植物學家。

水蒸氣，水蒸氣帶有**正電**和**負電**。當雲飄到大樹或有尖頂的建築物時，那些尖頂就很容易吸引雲中的電，雷電遂打到尖頂上了。

他構思了一個**實驗**。在高塔尖頂放置一個絕緣箱子，並連接一枝20至30英尺高的**鐵杆**。杆的頂端須十分尖銳。當帶有雷電的烏雲經過時，該會將電釋放至鐵杆，因而引發電火花。試驗者站在絕緣箱子上，用**金屬線圈**接近鐵杆，電就會傳至線圈。

富蘭克林將構想寫成信件寄給克林遜，由對方交予**皇家學會**，並在雜誌刊登。後來法國皇帝路易十五得悉內容，就要求屬下的科學家進行試驗。1752年5月，他們果然**成功**得到電火花，證明富蘭克林是**正確**的。

只是，在大西洋的另一岸的富蘭克林仍未知情。據說他本想以鎮中正在修建的教堂尖頂試驗，只是工程遲遲未能完成。最後他決定不再等待，在6月改用另一種非常**大膽**而**危險**的方式……

當日富蘭克林從窗戶看着天空，大片烏雲正向着己方伸展過來，遠處更響起微弱的雷鳴。他察覺**時機來臨**，便取出一隻**風箏**，並在風箏線的末端掛上一把**金屬鑰匙**，又拿了一個用於儲電的萊頓瓶，向兒子說：「威廉，今天我們去做實驗吧！」

二人走到屋外的一個木棚附近，聽見天空**隆隆作響**，更落下雨來。威廉一面握着包裹了蠟的**手把**，一面扯着麻繩風箏線向前跑，很快就將風箏放到空中。這時已站在棚內的富蘭克林叫道：「快過來啊！」於是威廉立即牽引那條被雨水完全**沾濕**的線，急步走進木棚中避雨。

富蘭克林將萊頓瓶與線尾的鑰匙連起來後，就默默**觀察**那塊在空中飄蕩的風箏，一動也不動。

突然，一道白光在眼前**閃現**，緊接響起**震耳欲聾**的「轟隆」

聲，嚇得威廉想掩住耳朵。

「別動！」富蘭克林喝道，絲毫沒被那**霹靂巨響**影響。他低下頭來，竟發現風箏線上的細絲都豎起來了，就像當年那個男孩的頭髮因被電吸引而豎起一般。另一方面，鑰匙也爆出了少許**火花**。

「果然如此，雷電真的從天上流下來了。」他興奮地**喃喃自語**，「若將一枝**尖銳**的金屬杆安裝在房子頂部，再連接導線至地面。打雷時，金屬杆就能收集雷電，並透過導線傳到地下，房子就能受到**保護**了。」

同年10月，富蘭克林發表了第一份報告，公佈實驗成功。後來，他將避雷針安裝在自家屋頂，又說服費城居民在高層的建築物裝設這款避雷裝置，免受可怕的雷擊，亦減低了**人命傷亡**的機會。

1753年，他出版《實驗與觀察補編》，次年又出版《電的新實驗與觀察》一書，引起歐美等地學術界的**關注**。同年，哈佛學院與耶魯學院向他頒授**榮譽學位**，英國皇家學會亦授予金質獎章，以表揚其對電學的**貢獻**。

▲雲層下方充滿了負電荷，並受到地面的正電荷吸引，循最短路徑流去。故此，雷電多會打在高塔、樹木等較高而尖的物體。

其他貢獻

除了避雷針，富蘭克林還有多項發明。1752年他設計了一款以銀製成的**導尿管**，為患有膀胱結石的哥哥舒緩病情。此外，一種**樂器**的改良與製造更顯示其科學與音樂的才能。

事緣1761年，他在倫敦欣賞一場以特殊樂器演奏的音樂會。該樂器由多個大小不同的**高腳玻璃杯**構成，表演者以**濕潤**的手指**摩擦**杯緣而發出美妙的獨特聲響。只是，他想到攜帶多個杯子並不方便，遂着手**改造**，並於一年後設計出新款式，命名為「armonica」(玻璃琴)。

玻璃琴由37個**玻璃碗**構成，所有碗皆呈水平擺放，並以一條轉軸串連起來，而**轉軸**連結着琴下方的**踏板**。琴手只要踩下踏板轉動

玻璃碗，再以沾濕的手指在碗緣摩擦，就能奏出優雅的樂曲。

另外，富蘭克林也活躍於政治、教育等不同領域。1749年他創建費城學院（亦即賓夕法尼亞大學的前身）；1751年當選賓夕法尼亞州議員，為北美殖民地的居民謀求最大利益；1753年更被任命為北美郵政管理局聯合副局長。

因職責所在，他對郵務十分關心，並注意到一件古怪事情。他發現從英國出發到美洲的郵船竟比朝相反方向前進的商船慢了2週，以致信件未能及時送達。不過，兩者的航行路線大致相同，為何航行時間會出現差距？

富蘭克林為此詢問堂兄兼捕鯨船船長福爾傑，才得知大西洋有一條自西向東的洋流，若船隻在洋流上「逆向航行」，就會變得較慢。所以，一般船隻都會避開洋流，但英國郵船卻故我依然，以致效率不高。

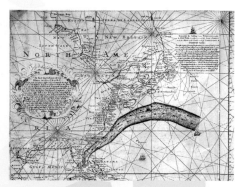

▲這是富蘭克林繪製的墨西哥灣流圖。墨西哥灣流是地球上最快的洋流，起源於墨西哥灣，經佛羅里達海峽北上加拿大，再沿北大西洋進入北極海。這條洋流還有兩條分支，分別流向歐洲與西非海域。

那時富蘭克林為完成各項工作，須頻繁來往英美兩地，因利乘便，就決定與其他船長一起系統地測量洋流的準確位置與範圍。1768年，他將洋流命名為「墨西哥灣流」，並繪製出分佈圖，建議郵船船長加以避開，縮短航程。

另一方面，自1760年代起，北美殖民地與其宗主國的英國因稅項問題，導致關係日益緊張，最終引發美國獨立戰爭。富蘭克林支持合眾國成立，四出奔走斡旋。後來他前往法國，與宮廷達成秘密協議，聯合抵制英國，對立國之事起着重要作用。1776年，他被任命為美國起草獨立宣言成員，成為美國重要的開國元勛之一。

富蘭克林在各方面成就斐然，得益於其勤奮正直、提倡實用的性格。正如他在《窮理查年鑑》中就有一句著名的格言：「若不努力終一無所獲。」(No gains without pains.)

讀者天地

要是車輪第一次未能成功穿過火圈，只要進行數次實驗，最終就能找到成功率較高的設置方法了！

鄭樂晴

給編輯部的話

請評分 1-10分

希望刊登

哇！是我可愛的樣子呢！10分！

蕭學懿

給編輯部的話

變面包超人

(1-100)分

請評　軟綿綿

希望刊登

哈，又看到你的畫作了。你真的很喜歡畫畫呢，而且都畫得很有心思，就給你100分吧～

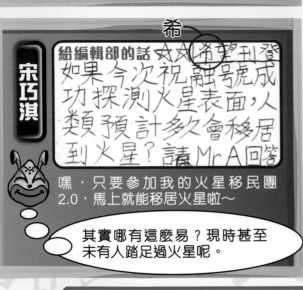

宋巧淇

希

給編輯部的話 ☆☆希望刊登

如果今次祝融號成功探測火星表面，人類預計多久會移居到火星？讓Mr.A回答

嘿，只要參加我的火星移民團2.0，馬上就能移居火星啦～

其實哪有這麼易？現時甚至未有人踏足過火星呢。

關智宏

給編輯部的話 你

Mr.A：我覺得很搞笑！連污清和鬼都分不清！希望刊登 鬼呀

他這麼相信有鬼，又整天疑神疑鬼，實在沒他辦法啊～

電子問卷信箱

スタジオジブリ作品
STUDIO GHIBLI

科學電影院

機靈孤女 變身 魔女助手!

宮崎駿＆宮崎吾朗出品 揉合手繪風格與3D破格之作

唔教我魔法 咪旨意我聽話!

宮﨑駿 企画
宮崎吾朗 監督

安雅與魔女

粵語及日語配音

9月30日 魔女宅急 變

10歲的安雅機靈又愛惡作劇，在孤兒院過得一帆風順。可是，自從她被一對魔法師收養後，從此生活變得天翻地覆！

安雅以學習魔法作為交換，答應做魔女的助手，豈料每天只被使喚做打雜。不甘被騙的她決心與小黑貓一同進行搞鬼大報復！

▲安雅與會說話的黑貓「湯馬士」一起住在魔女的家。

▲魔女芭菈妖嘉到底會施展怎樣的魔法？

資料提供：洲立影片發行（香港）有限公司

科技新知

科技

用氣泡阻止風暴

近年挪威科研團隊 OceanTherm 提出一種防止風災新方法。他們研發氣泡幕，聲稱藉由冷卻海面，截斷熱帶氣旋的能量供給，以削弱其風速。

1 用船拖放有孔的「氣泡管」至海底 100 米或更深區域。

26.5°C

4 海底的冷水隨氣泡向上移動，冷卻海面，降溫目標為 26.5 °C 以下。

2 壓縮空氣由船傳送到海底的管子。

固定器

固定器

打孔管

＊在夏季，海底的水溫比海面的低。

降低海面溫度阻截風暴能源

Photo credit: NASA

　　熱帶氣旋的能量來自熱空氣，只要海面水溫達 26.5°C，便會開始形成。而且，每上升 1°C，其風速就增加每小時 32 公里，根據世界氣象組織定義，熱帶氣旋的持續風力逾每小時 63 公里就算是「熱帶風暴」。

　　反過來說，只要令海面低於 26.5°C，就能令熱帶氣旋較難產生了。

3 壓縮空氣從管上的孔洞釋出，氣泡連續湧上水面，在水中形成「氣泡幕」。

熱

冷

科研團隊在小範圍海面實驗，證實系統順利運作。但若要在大範圍區域實行，就需更多物資，因此目前還在籌備中。

香港中文大學
生物及化學系客席教授
曹宏威博士

Q1 為甚麼麵包在密閉的環境下會發霉？

吳穎林　拔萃女小學　一年級

霉菌是真菌類，以孢子形式繁殖。那些孢子非常輕巧，容易在空氣中存在和散播，更易依附在一般物件上，伺機滋長。如果存在的環境不合適，它能長時間維持在休眠狀態，等待養分及水分足夠，加上溫度合適，就會生長起來。麵包含有碳水化合物，還因為潮溼而含有一些水分。若欠防腐，便容易變成霉菌滋生的安樂窩。

你口中所說的「密閉環境」，是指空氣不能進出嗎？但是，你能肯定密閉空間在未裹封前就沒有任何孢子出現嗎？你別小看這些霉菌的孢子！它們本身能抵禦極寒、極熱或極乾燥的惡劣環境，不易清除，因此麵包在密閉的環境下會發霉並非甚麼怪事。

◄在保鮮袋內的麵包，放了3天後已長了最少兩種霉菌。這些霉菌的可見部分只是其孢子，而它的菌絲早已蔓延至整塊麵包。

Q2 火是導電體嗎？

葉汶謙　聖公會馬鞍山主風小學　五年級

火是一個相對活躍的氧化作用，火焰區是氧化作用區，區內並非真空，其導電性視具體情況而定。

在網上不難找到這類影片——先燃點一枝蠟燭，或使用其他細小可控的火源，然後拿兩塊電壓差10000至20000伏特的電線或金屬板，慢慢向火焰迫近。當電線或金屬板快要碰到火焰時，兩邊就會突然射出一條電弧穿過火焰，亦即兩邊通電了。再看下去，便發現改變電壓甚至可把火焰弄熄。

嚴格來說，只要電壓足夠克服阻力，所有物件皆可導電。一般金屬體對電的阻力極低，不必用高電壓也能通電，因此是良好導電體。氣體相對而言是大電阻，多歸類為絕緣體。然而，當你在雷電之夜，仰望長空，總有機會讓你看到閃電劃破空氣，直劈向地面！這個閃電的電壓早就高達數百萬伏特，所以它的勁度非同小可。在如此強勁的電壓下才可導電，我們不應該將火焰歸類為良好的導電體吧。

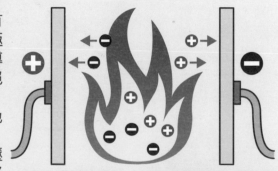

▲用火導電的實驗，其目的是證明火焰內有些帶電粒子，而非研究火焰的導電性能。

熱帶氣旋相遇變化
藤原效應

如果太平洋上空有多個熱帶氣旋相遇會變成怎樣？

一旦有兩個或以上的熱帶氣旋相遇，就可能發生藤原效應！

2015 年的太平洋

Photo by NASA's Earth Observatory

1920 年代，日本氣象學者藤原咲平在水缸製造兩個水旋渦，以模擬熱帶氣旋。當兩個旋渦相遇時，兩者的移動路徑都會變得不規則，此稱為「藤原效應」（Fujiwhara Effect）。

Photo by NASA's Earth Observatory

每隔數年亞洲地區都出現一次藤原效應。

條件
- 出現兩個或以上的熱帶氣旋。
- 兩個熱帶氣旋相距至少約 12 緯距（約 1350 公里）內。

結構

北半球發生藤原效應時，兩個熱帶氣旋會繞着相連的軸線，以逆時針方向旋轉。

軸心的位置以熱帶氣旋體積大小及環流強度決定，不一定在軸線中央。

移動

A

軸心

約 1350 公里

B

移動

熱帶氣旋的體積愈大，或兩者相距愈近，相互作用更明顯。

效應如何結束

兩者合併

合併

A

B

其中一方消散

進入內陸或衰弱後消散

B

A

兩者相距太遠

西走

B

超過 1350 公里

A

東移

或受其他氣象因素干預而結束。

日本歸納了六種最常見的藤原效應路徑，相當詳細。

複雜路徑

合併型：大吃小

兩者相距若不足 500 公里，熱帶氣旋 B 會靠近較強的 A，並且慢慢減弱，最後被 A 吸收。

單向牽動型

由於兩者相距較遠，B 只受到較強的 A 牽動，圍繞着 A 的外圍環流作逆時針轉動。

追隨型

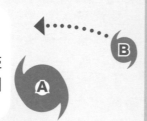

B 受 A 支配，跟隨行走。

同行型

若力量相若，會並行移動。

一前一後型

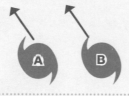

東邊的 A 先行北移，慢慢減弱，西邊的 B 才開始北上。

相拒型

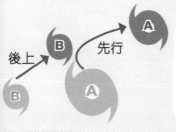

東邊的 A 先行加速向東北移動，西邊的 B 減速並向西移動。

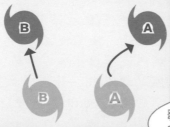

發生藤原效應時，就不難見到獨特的吹襲路徑。

好壞難料？

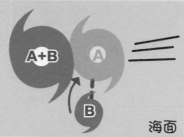

兩個熱帶氣旋會因藤原效應合併為更強的熱帶氣旋，例如上圖的「A+B」，若正面吹襲陸地，會造成巨大損失。

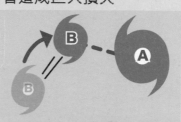

不過，如果 B 本來正面吹襲陸地，卻被 A 削弱衝擊力，甚至被牽到較高緯度的海面消散。這樣反而能避免造成傷害。

三颱並立

Photo by NASA's Earth Observatory

2010 年 8 月，東太平洋同時出現三個颱風：圓規、南川與獅子山，夾在中間的南川與鄰近且風力較強的獅子山發生藤原效應。獅子山移動緩慢，及後吸收南川消散後的雨雲，兩度改變路徑後才登陸。

另一方面，圓規又被南川影響路徑，改為偏北路線吹襲韓國。

大偵探福爾摩斯
火場的證物

「這可能會成為**外交**問題！」

「為保險計，請福爾摩斯也上來看看吧！」

一個秋高氣爽的下午，蘇格蘭場的李大猩和狐格森你一言，我一語，把剛好路過的大偵探拉上**火災**的案發現場——一個在 3 樓的公寓單位。

陽光透過陽台從格子玻璃門照進室內，只見被燒剩一半的**窗簾**在風中擺動，窗邊的**茶几**已被燒斷了腿倒在地上，在它旁邊的一把**木凳**和地上的**地氈**也被燒黑了。不過，距離格子玻璃門較遠的書桌和保險箱則安然無恙。

「據鄰居所言，這房間的租客在**法國大使館**工作，名叫**皮埃爾**，隻身從法國來到倫敦任職，離奇的是……」李大猩神色凝重地一頓，「他已幾天**不見蹤影**！」

「對，所以我們已立即命令部下去通知法國大使館。」狐格森煞有介事地說，「最近法國扣留了德國一名**間諜**，看來，德國為了**還以顏色**，就把皮埃爾擄走了！」

福爾摩斯心想，原來涉及間諜戰，難怪這對孖寶幹探急著把我拉進來調查了。如果這真的是間諜擄人而又能破案的話，他倆就可**邀功**了。

「門是從**外面**上鎖的，這顯示皮埃爾並非在家中被擄走！」李大猩說。

「對，一定是有人在街上把他抓走，然後把**火頭**從陽台**拋**進來，令屋內失火引起騷動，好讓法國政府難堪！」狐格森**自以為是**地推理一番。

福爾摩斯沒有理會他的連珠炮發，逕自走去檢查放在書桌上的一包**香煙**和一盒**火柴**。

「已抽了一根呢。」福爾摩斯打開煙包看了看。接著，他又走到翻倒了的茶几旁蹲下來，撿起了一個**煙灰缸**。

「怎麼了？」李大猩問。

「從桌上的煙包和火柴可知，皮埃爾有**抽煙**的習慣。」福爾摩斯舉起手上的煙灰缸說，「它掉在茶几旁，證明本來是放在茶几上的。看來，皮埃爾曾坐在木凳上抽煙，抽完後把**煙屁股**丟到煙灰缸內，但沒關好玻璃門就外出了。不幸地，窗簾被風吹起，碰到了**未熄滅**的煙屁股，結果導致**失火**。」

「甚麼？你認為火頭不是從窗外拋進來的？」狐格森問。

「沒錯。」

「怎可能？火災今天發生，但他已失蹤了幾天呀！」狐格森質疑。

「鄰居說他『幾天不見蹤影』，也許只是剛好沒碰見。所謂『失蹤』嘛，這要等法國使館回覆，才能作進一步推斷呀。」福爾摩斯說。

這時，李大猩瞥見書桌下有一張紙，他撿起來看了看，馬上興奮得叫起來：「福爾摩斯！你的分析全錯了！這肯定是間諜擄人事件！否則，怎會有這張機密文件？」

秘密就在保險箱內！想知道秘密，就解開難題找出密碼吧！

密碼：● ◆ ★ ▲ ■ ▼

難題①

● ◆ ★ = 550 ÷ 11 × (2 + 3)

難題②

▲ ■ ▼ = 由入口至保險箱的直線距離（厘米）

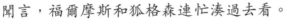

聞言，福爾摩斯和狐格森連忙湊過去看。

「秘密在保險箱內……在正常情況下，我們不能碰外國使節家中的保險箱啊……」但狐格森遲疑了一下，就說，「但現在情況緊急，這關乎到使節的人身安全！」

「為了救人，實在沒辦法！」

「真是逼不得已呢！」

看着孖寶幹探一唱一和，福爾摩斯一針見血地指出：「這裏有四個疑點。1、我們還未證明失蹤是否屬實。2、這張紙條應是放在桌上，卻被窗外的風吹到地上的。是誰把這麼重要的字條放在桌上？目的又為何？3、外交人員的秘密理應放在辦公室，怎會帶回家呢？4、這密碼——」

「事不宜遲！快來解碼！」孖寶幹探不待大偵探說下去，已興致勃勃地開始爭先破解密碼，活像找到新玩具的小孩子那樣。

「唉……這密碼簡單得連小學生也懂破解，保險箱的東西哪會是甚麼機密啊？」

福爾摩斯沒好氣地搖搖頭，正想轉身離開時——

「答案是10！」狐格森為了爭勝，急不及待地大喊出來，「所以 ● ◆ ★ 代表的數字是010！」

「錯，是250才對呀！」福爾摩斯驚訝地回頭說，「我的天，這麼簡單的數學題也計錯，難道你誤會了『先乘除後加減』這口訣的意思？」

「哈哈！錯了！錯了！你算錯了！」李大猩趁機嘲笑，「狐格森，做人要像我那樣低調，爭先恐後只會令自己出洋相啊。」

「豈有此理！」狐格森惱羞成怒地走出陽台，向樓下的河馬巡警叫道，「去拿這房間的平面圖和軟尺來！快！」

不消一會，河馬巡警就氣喘吁吁地跑進來。

李大猩一手搶過巡警手中的軟尺，以為只要簡單一量，馬上就能破解難題②的密碼了。然而——

你知道為何答案是250嗎？不知道的話，就翻到第57頁看看吧！

「怎麼這軟尺這麼短，只有 2 米長？」李大猩怒問。

巡警期期艾艾地答道：「因為狐格森探員説要快，我只好先向鄰居借用——」

「傻瓜！快去找 10 米以上的拉尺來！」

「哎呀，何必動怒？」福爾摩斯打趣説，「看看這平面圖，就知道不用尺也能計算出答案啦！」

説着，他攤開房間的平面圖，一邊標上保險箱和門口的位置，一邊解釋：「這是個扇形的房間，剛好是圓形的 4 分之 1，上面的 ABCE 標示出一個長方形，而門口位於 C 點，剛好在 BD 的中間。」

「那麼，圖中 AC 的長度就是難題②要求的答案吧？」狐格森皺起眉頭，「我記得，計算圓形時常用到 π*，而計算直角三角形的邊長時，又常用到畢氏定理**……」

李大猩摸摸下巴，同樣苦惱地説：「π 和畢氏定理我都懂，問題是怎樣運用？」

「通通都不用，答案已寫在圖上呀！AC 長 7 米，換算成厘米便是 700，所以 ▲ ■ ▼ 代表的數字是 700。」福爾摩斯答道，心想這場鬧劇終於結束，可以離開去喝下午茶了。

* π ＝ 讀作 pie，指圓周率 3.1415926 或 $\frac{22}{7}$

** 畢氏定理：直角三角形的兩條直角邊長的平方相加，等於斜邊長的平方。

你知道為何答案是 700 嗎？不知道的話，就翻到第 57 頁看看吧！

圖中：

保險箱 A ..... E

燒焦的窗簾

B 3.5 米 C 3.5 米 D

門口

「難題①的答案是 250，加上難題②的答案 700，就是 250700。」李大猩説着，馬上按數字撥動保險箱的轉盤，果真「咔嚓」一聲，就順利打開了保險箱。

然而，當三人看到裏面的東西時，都呆在當場。因為，那是他們都十分熟悉的東西——一套最新出版的《福爾摩斯大冒險》。

就在這時，巡警又前來報告：「我們找到這單位的住户了！」

「我就是皮埃爾，是這單位的租客。」一位發福的中年紳士從巡警身後探出，語帶濃厚的法語口音。

「你……你不是失蹤了嗎？怎麼……？」李大猩大感詫異。

「誤會而已。我在法國大使館上班，警方打電話來，説這裏失火，又問我是否失蹤了。我聽到後大吃一驚，所以馬上趕來了。」

「可是，鄰居説你已幾天不見蹤影呀。」狐格森一臉不解地問。

「是這樣的，我妻兒從法國來倫敦**旅遊**，為了一享**天倫之樂**，我過去一個星期都住在妻兒入住的**酒店**。白天從酒店出門上班，下班直接回酒店，鄰居自然看不到我啦。」

「對了，皮埃爾先生，這是你的吧？」福爾摩斯指着桌上的**煙包**問。

「是的，那是我的……」皮埃爾看看那包煙，再看看燒焦的茶几和窗簾，**恍然大悟**地說，「啊！我今早回來辦點事，離開前在窗旁抽了一根香煙，一定是忘了按熄煙屁股和關上玻璃門，釀成了**火災**。」

「那麼，這又是甚麼意思？」狐格森舉起那張**密碼紙條**問。

皮埃爾看了看那紙條，又注意到狐格森身後的保險箱，就問：「啊？你們打開了保險箱？」

狐格森慌忙解釋：「這是為了查案需要才打開的，我們以為與你的失蹤有關啊。」

「哈哈哈！你們**誤會**了。」皮埃爾大笑，「其實，犬兒是個**偵探迷**，又想來看看我住的地方，我今早就回來準備兩道難題考考他，讓他玩一下**探案遊戲**。如果他答對了，禮物就是最新出版的《福爾摩斯大冒險》。」

大偵探聞言，馬上挺起胸膛，拉一拉衣領，「**吭吭吭**」地清了一下喉嚨，**神氣**地說：「**實不相瞞**，本人就是這部小說的**主角**——夏洛克·福爾摩斯。這兩位警探可以作證。」

「啊！真的嗎？那、那麼……」皮埃爾**喜出望外**，「你真的像小說寫的那樣，跟華生醫生住在一起嗎？」

「沒錯，是不是想要**簽名**呢？」

「這個當然，機會難得呀！」皮埃爾雙手奉上小說，興奮地叫道，「麻煩你轉交**華生醫生**，請他簽個名吧！」

「華生？他是配角，我才是**主角**啊。」福爾摩斯感到意外。

「哎呀，華生醫生是這本書的**作者**嘛，當然是找作者簽名才對啦！」

聞言，福爾摩斯彷彿被潑了一盤冷水，**尷尬**地滴下了冷汗。

李大猩和狐格森看到此情此景，禁不住**捧腹大笑**。

答案

難題①：

▼狐格森計錯的原因：

550÷11 x (2 + 3)

= 550÷**11 x 5**

= 550÷**55**

= 10

口訣「先乘除，後加減」，狐格森以為是「先乘後除」，所以計錯了。

▼正確計法：

550÷11 x (2 + 3)

= **550÷11 x 5**

= **50 x 5**

= 250

當算式只有乘和除，就要從左至右順序計算才對。因此，● ◆ ★ = 250。

難題②：

保險箱在 A 點，門口在 C 點，此題其實是求 AC 的長度。

扇形房間是圓形的 4 分之 1，所以扇形的直邊 BD = 圓形的半徑 = 3.5 + 3.5 = 7 米。

而直線 BE 和 BD 一樣是圓形的半徑，所以 BE 的長度也是 7 米。

在長方形內，BE 和 AC 成對角線，長度相等，故 AC 也是 7 米。將米變成厘米，7 米 = 700 厘米。因此，▲ ■ ▼ = 700。

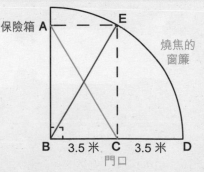

KC 天文教室

天文

中國太空站 —— 天宮

梁淦章工程師
香港天文學會

太空歷奇

載人航天三步曲

第一步（1992-2003 年）
- 發射載人飛船
- 開展相關配套

1

2003 年 成功發射載人飛船「神舟號」，航天員安全返航。

第二步（2005-2017 年）
- 航天員出艙
- 發射太空實驗室
- 驗證兩個航天器交會對接

2

2008 年 航天員成功出艙
2011 年 天宮一號 ⟩ 與神舟號
2016 年 天宮二號 ⟩ 成功交會對接

第三步（2020 年至今）—— 建設常駐航天員的大型太空站

現階段的天宮太空站：
由「天和」核心艙組成 I 字型架構。

2021 年 5 月 29 日
與「天和」對接

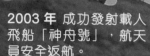

2021 年 4 月 29 日
「天和」成功入軌

2021 年 6 月 17 日
與「天和」對接

3

天舟二號
無人貨運飛船運載物資和設備到太空站。

神舟十二號
載送 3 名航天員入住「天和」，開始組裝站內設施。

「天和」核心艙

全長：16.6 米　　大柱段直徑：4.2 米
　　重：22.5 噸　　小柱段直徑：2.8 米

通訊天線： 指向中繼衛星，用來與地面測控中心實時天地對話。

神舟載人飛船

天舟貨運飛船

「天和」核心艙

航天員入住「天宮」時在太空站的情景 ▶▶

58

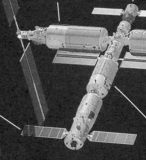

2022 年完成組裝後的
中國太空站 （T 字型架構）

「神舟」載人飛船
（執行任務時才停靠）

「夢天」
實驗艙 II

「問天」
實驗艙 I

「天和」
核心艙

天宮太空站由以下 3 個艙段組成 T 字架構：
「天和」核心艙、「問天」實驗艙和「夢天」
實驗艙。建設壽命 15 年。

「天舟」貨運飛船
（執行任務時才停靠）

中國太空站構建時間表——
11 次發射任務完成組裝

「巡天」光學艙

設太空望遠鏡，與太空站共軌
飛行。計劃 2024 年發射。

太空站軌道高度
400 公里

3 次太空站艙段組建任務	「天和」核心艙 2021 年 4 月 29 日	「問天」實驗艙 2022 年 5 至 6 月	「夢天」實驗艙 2022 年 8 至 9 月
4 次貨運任務（補給物資）	2021 年 5 月 19 日 天舟二號	2021 年 9 月 20 日 天舟三號	2022 年 3 月 天舟四號	2022 年 10 月 天舟五號
4 次載人任務（3 名航天員進駐）	2021 年 6 月 17 日 神舟十二號	2021 年 10 月 3 日 神舟十三號	2022 年 5 月 神舟十四號	2022 年 11 月 神舟十五號

航天員在「天宮」的生活日常

圖片來源：
2021.9.3 香港青少年與航天員天地對話活動的截圖

▲喝懸浮的水珠

▲健身單車

睡袋

▲睡房

◀餐廳掛滿
朱古力和餅
乾等小食。

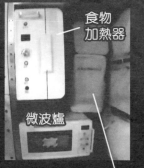

食物
加熱器

微波爐

廚房存放了一周的食物。

飲水機

冰箱

第54屆 聯校科學展覽順利完成!

今年的聯校科學展覽於8月3日至8月8日,在香港大會堂展覽廳舉辦。在20隊參展隊伍中,冠、亞、季軍亦已順利誕生,現在就看看得獎隊伍的展品吧!

冠軍 氮平衡 聖若瑟書院

車房工人在工作時,因常要啟動汽車引擎,於是會吸入較多汽車廢氣中的氮氧化物而危害健康。同學有見及此,便設計了一個普通儲物箱大小的裝置,利用微生物把那些氮氧化物轉化成無害的氮氣。

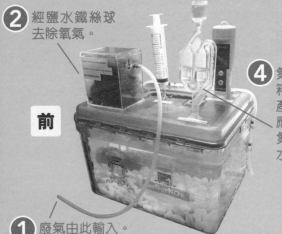

前

2 經鹽水鐵絲球去除氧氣。

4 氮氧化物跟箱中的溶液產生化學反應,還原成氮氣,經聚水管釋出。

1 廢氣由此輸入。

後

3 廢氣經冷凝管降溫,然後進入箱中。

亞軍 空氣從藻 民生書院

得獎同學針對室內的甲醛及過多的二氧化碳,設計了專門的過濾裝置。

空氣由風扇從箱底抽入,中途經過尿素、氯化鈣及果酸混合而成的化合物以去除甲醛。

海藻進行光合作用時,則會吸收二氧化碳。

空氣最後經活性碳除味再排出。

季軍 QC天地 皇仁舊生會中學

同學製作了一款其中一個電極使用酵母菌溶液的電池。當酵母菌分解葡萄糖時,就會產生電流。

▶除了使用酵母菌,亦可換成其他種類的微生物,用來分解廚餘中的不同成分,因而也可用廚餘來發電。

科學Q&A

第一百二十六話
反擊的太陽

漫畫◎李少棠　上色協力◎周嘉詠
劇本◎《兒童的科學》創作組

可惡，我不是可憐的
搞笑角色呀！

「我覺得Mr.A
很搞笑」？

「Mr.A每次都受苦，
真可憐」？

給編輯部的話

我是
宇宙最強推銷員，
偷哄騙搶
無一不通的
精英！

好！
今期我要幹
一番大事，
告訴你們
誰才是這漫畫
的大反派！

那只是能量釋放，正如燈泡不也是沒燃燒卻又熱又亮嗎？

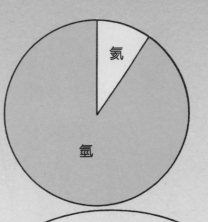

太陽成分

太陽主要由氫和氦2種元素構成，以粒子數量計算，氫佔了超過90%。

不過氫的質量較氦小，若以整體質量計算，氫則只佔約70%。

這些氫原子就是太陽的燃料，提供其發光發熱的能量。

事實上太陽每秒都在消耗6億噸氫製造能量呢！

6億噸

那不會很快耗盡嗎？

放心，太陽的質量非常大，最少還能維持50至60億年啊。

飛船已完全離開大氣層，你們看看太陽有甚麼不同？

哇……

透視分析機

這部分析機
可透視太陽的內部，
看看裏面有甚麼吧。

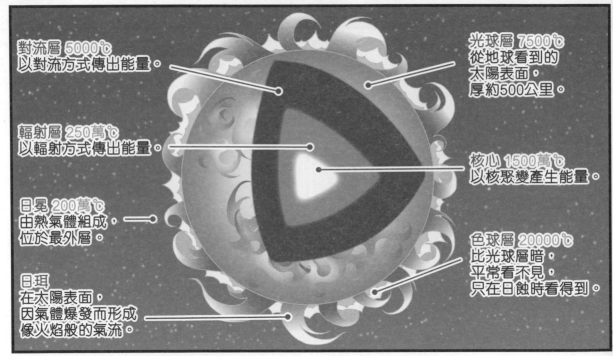

對流層 5000℃
以對流方式傳出能量。

輻射層 250萬℃
以輻射方式傳出能量。

日冕 200萬℃
由熱氣體組成，
位於最外層。

日珥
在太陽表面，
因氣體爆發而形成
像火焰般的氣流。

光球層 7500℃
從地球看到的
太陽表面，
厚約500公里。

核心 1500萬℃
以核聚變產生能量。

色球層 20000℃
比光球層暗，
平常看不見，
只在日蝕時看得到。

太陽中的氫原子在高溫及高壓下產生核聚變，
製造能量，但這反應只會在核心部分出現。

氘（氫的同位素）
（音：都）

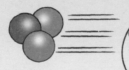

氚（氫的同位素）
（音：川）

氦   中子

核心產生的能量
需要一百萬年
才到達表面並
散射出來啊。

即是說這些
陽光和熱能
都是一百萬年前
產生的？

由於核聚變發電
既高效率又環保，
人類正積極地研究呢。

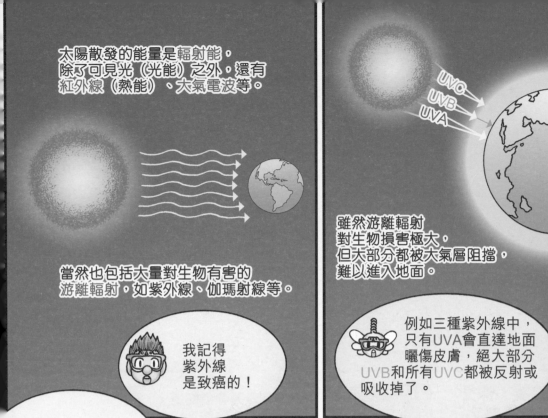

太陽散發的能量是輻射能，
除了可見光（光能）之外，還有
紅外線（熱能）、大氣電波等。

當然也包括大量對生物有害的
游離輻射，如紫外線、伽瑪射線等。

我記得
紫外線
是致癌的！

雖然游離輻射
對生物損害極大，
但大部分都被大氣層阻擋，
難以進入地面。

例如三種紫外線中，
只有UVA會直達地面
曬傷皮膚，絕大部分
UVB和所有UVC都被反射或
吸收掉了。

我們能在地球生存，
真是一項奇跡啊。

咦，發生
甚麼事？

這是甚麼？

同一時間
太空總署控制室

我們要
保護地球呀！

但這個
太陽風暴太強了，
怎樣保護啊？

WARNING

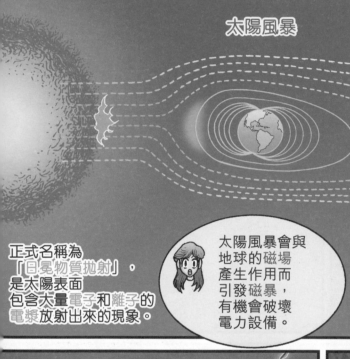

太陽風暴

正式名稱為
「日冕物質拋射」，
是太陽表面
包含大量電子和離子的
電漿放射出來的現象。

太陽風暴會與
地球的磁場
產生作用而
引發磁暴，
有機會破壞
電力設備。

地球已經
不只一次
被太陽風暴
影響……

1859年9月1日的
卡靈頓事件是
首個有記錄的
太陽風暴，亦是
最大型的磁暴。

當時電力未普及，
只有電報系統受影響。
期間，遠至墨西哥都能
看到北極光，人們還
以為天亮了。

1989年3月13日，
一場太陽風暴直擊地球，
摧毀了加拿大魁北克省
的水力發電系統，
令全省陷入長達
9小時的大停電。

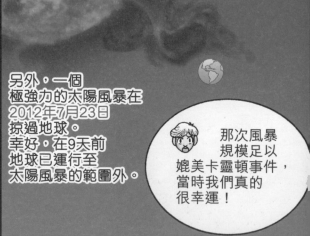

另外，一個
極強力的太陽風暴在
2012年7月23日
掠過地球。
幸好，在9天前
地球已運行至
太陽風暴的範圍外。

那次風暴
規模足以
媲美卡靈頓事件，
當時我們真的
很幸運！

不過現在人類很倚賴電力，被太陽風暴擊中的後果會比卡靈頓事件嚴重得多！

在太陽風暴引起的磁暴影響下，人造衛星、GPS、無線通訊和電力供應首當其衝。

這會導致交通癱瘓、通訊中斷和大停電。由於很多供水系統和冷暖氣都以電力運作，這類維生設施也將受到災難級的損害。

在3日前，我們已預測到太陽風暴，並把主要設備切換至安全模式，希望避免最壞後果。

不過這次的強度遠超我們想像……

太陽風暴到達前10秒…

9！

8！

報告！探測到太空出現異常物件……

先解決當前的危機再說吧！

7！

6！

5！

現在只能祈求奇跡出現了……

希望有英雄來拯救地球……

4！3！2！

1！

……咦?

異常物件不見了,難道剛才的是錯覺?

地球沒事了!

太好了!

太陽風暴突然消失了,真幸運!

可能有位無名的英雄拯救了地球呢。

另一方面

Mr.A的裝置突然粉碎了,真幸運!

它可能被太陽風暴擊中,導致裝置失靈而解體吧!

Mr.A看起來也很可憐。

他剛才要毀滅地球啊,這是自食其果吧!

~完~

不過他們卻不知道,Mr.A誤打誤撞成了「無名英雄」。

兒童的科學 NO.198

請貼上
HK$2.0郵票
（只供香港
讀者使用）

香港柴灣祥利街9號
祥利工業大廈 **2** 樓 **A** 室
兒童的科學編輯部收

有科學疑問或有意見、
想參加開心禮物屋，
請填妥問卷，寄給我們！

大家可用
電子問卷方式遞交

▼請沿虛線向內摺

請在空格內「✔」出你的選擇。　　　　我購買的版本為：01 □實踐教材版 02 □普通版

給編輯部的話

我的科學疑難/我的天文問題：

開心禮物屋：我選擇的 禮物編號 ☐

有關今期內容

Q1：今期主題：「看幻燈片學星際知識」
03 □非常喜歡　　04 □喜歡　　05 □一般　　06 □不喜歡　　07 □非常不喜歡

Q2：今期教材：「大偵探投影電筒」
08 □非常喜歡　　09 □喜歡　　10 □一般　　11 □不喜歡　　12 □非常不喜歡

Q3：你覺得今期「大偵探投影電筒」的組合方法容易嗎？
13 □很容易　　14 □容易　　15 □一般　　16 □困難
17 □很困難（困難之處：＿＿＿＿＿＿＿＿）　　18 □沒有教材

Q4：你有做今期的勞作和實驗嗎？
19 □行星遊戲機　　20 □實驗：自製保溫瓶實驗

請沿實線剪下 ✂

請沿實線剪下 ✂

問　卷

請以膠水封口

讀者檔案

#必須提供

| #姓名： | 男 女 | 年齡： | 班級： |

就讀學校：

#居住地址：

#聯絡電話：

你是否同意，本公司將你上述個人資料，只限用作傳送《兒童的科學》及本公司其他書刊資料給你？（請刪去不適用者）

同意/不同意 簽署：＿＿＿＿＿＿＿＿＿＿ 日期：＿＿＿＿年＿＿月＿＿日

（有關詳情請查看封底裏之「收集個人資料聲明」）

讀者意見

A 科學實踐專輯：
　福爾摩斯的太空之旅放映會
B 海豚哥哥自然教室：快艇嚇人事件
C 科學DIY：行星遊戲機
D 科學實驗室：自製保溫瓶實驗
E 大偵探福爾摩斯科學鬥智短篇：
　藍色的甲蟲（3）
F 誰改變了世界：捕電者 富蘭克林
G 讀者天地
H 科學電影院：
　機靈孤女變身魔女助手！

I 科技新知：用氣泡阻止風暴
J 曹博士信箱：
　為甚麼麵包在密閉的環境下會發霉？
K 地球揭秘：
　熱帶氣旋相遇變化 藤原效應
L 數學偵緝室：火場的證物
M 天文教室：中國太空站——天宮
N 活動資訊站
O 科學Q&A：反擊的太陽

＊請以英文代號回答Q5至Q7

Q5. 你最喜愛的專欄：
　第1位 21＿＿＿　第2位 22＿＿＿　第3位 23＿＿＿

Q6. 你最不感興趣的專欄：24＿＿＿原因：25＿＿＿

Q7. 你最看不明白的專欄：26＿＿＿不明白之處：27＿＿＿

Q8. 你從何處購買今期《兒童的科學》？
　28□訂閱　29□書店　30□報攤　31□便利店　32□網上書店
　33□其他：＿＿＿

Q9. 你有瀏覽過我們網上書店的網頁www.rightman.net嗎？
　34□有　35□沒有

Q10. 你會參加10月23至31日在香港科學園舉辦的「創新科技嘉年華」嗎？
　36□會　37□不會，原因：＿＿＿

Q11. 你想看哪些跟地球有關的知識？（可選多於一項）
　38□天象　39□氣候　40□地質　41□礦物　42□冰天雪地
　43□火山　44□森林　45□海洋　46□其他，請註明：＿＿＿

請以膠水封口